国家基本职业培训包（指南包　课程包）

机床装调维修工（数控）

（试行）

人力资源社会保障部职业能力建设司编制

中国劳动社会保障出版社

图书在版编目（CIP）数据

机床装调维修工：数控：试行 / 人力资源社会保障部职业能力建设司编制. --北京：中国劳动社会保障出版社，2020

国家基本职业培训包：指南包　课程包

ISBN 978 – 7 – 5167 – 4299 – 0

Ⅰ. ①机…　Ⅱ. ①人…　Ⅲ. ①数控机床–安装–职业培训–教学参考资料②数控机床–调试方法–职业培训–教学参考资料③数控机床–维修–职业培训–教学参考资料　Ⅳ. ①TG659

中国版本图书馆 CIP 数据核字（2020）第 024020 号

中国劳动社会保障出版社出版发行

（北京市惠新东街 1 号　邮政编码：100029）

*

三河市华骏印务包装有限公司印刷装订　　新华书店经销

880 毫米 ×1230 毫米　16 开本　10.25 印张　181 千字

2020 年 3 月第 1 版　　2020 年 3 月第 1 次印刷

定价：33.00 元

读者服务部电话：（010）64929211/84209101/64921644

营销中心电话：（010）64962347

出版社网址：http://www.class.com.cn

编制说明

为贯彻落实《中华人民共和国国民经济和社会发展第十三个五年规划纲要》提出的“实行国家基本职业培训包制度”的要求，大力推行终身职业技能培训制度，推进实施职业技能提升行动，按照《人力资源社会保障部办公厅关于推进职业培训包工作的通知》（人社厅发〔2016〕162号）的工作安排，“十三五”期间，组织开发培训需求量大的100个左右国家基本职业培训包，指导开发100个左右地方（行业）特色职业培训包，到“十三五”末，力争全面建立国家基本职业培训包制度，普遍应用职业培训包开展各类职业培训。

职业培训包开发工作是新时期职业培训领域的一项重要基础性工作，旨在形成以综合职业能力培养为核心、以技能水平评价为导向，实现职业培训全过程管理的职业技能培训体系，这对于进一步提高培训质量，加强职业培训规范化、科学化管理，促进职业培训与就业需求的有效衔接，推行终身职业培训制度具有积极的作用。

国家基本职业培训包是集培养目标、培训要求、培训内容、课程规范、考核大纲、教学资源等为一体的职业培训资源总和，是职业培训机构对劳动者开展政府补贴职业培训服务的工作规范和指南。国家基本职业培训包由指南包、课程包和资源包三个子包构成，三个子包各含有相应培训内容与教学资源。

在征求各地培训需求的基础上，经调研论证，人力资源社会保障部组织有关行业专家编制了首批中式烹调师等10个职业（工种）的国家基本职业培训包（指南包 课程包），并于2017年10月印发施行。

在首批中式烹调师等10个职业（工种）国家基本职业培训包编制的基础上，2018年11月，人力资源社会保障部继续组织有关行业专家开展第二批电工等15个职业（工种）的国家基本职业培训包（指南包 课程包）的编制工作。

此次编制的电工等15个职业（工种）的国家基本职业培训包遵循《职业培训包开发技术规程（试行）》的要求，依据国家职业技能标准和企业岗位技术规范，结合新经济、新产业、新职业发展编制，力求客观反映现阶段本职业（工种）的技术水平、对从业人员的要求和职业培训教学规律。

《国家基本职业培训包——机床装调维修工（数控）（试行）》是在各有关专家的共同努力下完成的。参加编写的主要人员有何卫兵、罗涵、易腾蛟、王晨彦、常玉成、陈超群、黄继东，参加审定的主要人员有宋松、庄瑜、钱锡全、李进，在编制过程中得到了上海市工业技术学校、沈阳机床（集团）设计研究院有限公司、上海雍赢机电设备有限公司等有关单位的大力支持，在此一并致谢。

国家基本职业培训包编审委员会

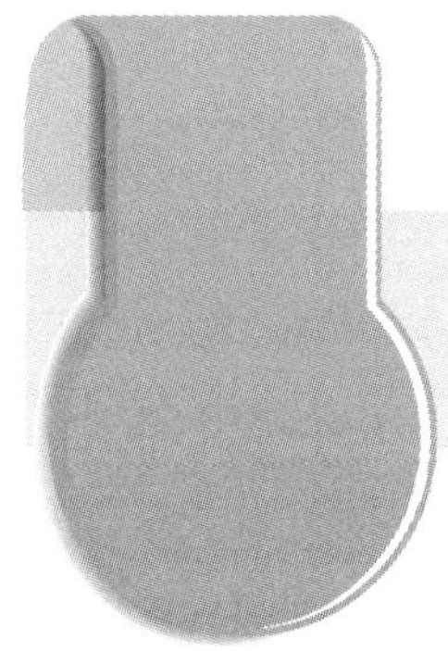

目 录

1 指 南 包

2 课 程 包

1

指南包

1.1 职业培训包使用指南

1.1.1 职业培训包结构与内容

机床装调维修工（数控）职业培训包由指南包、课程包、资源包三个子包构成，结构如图 1 所示。

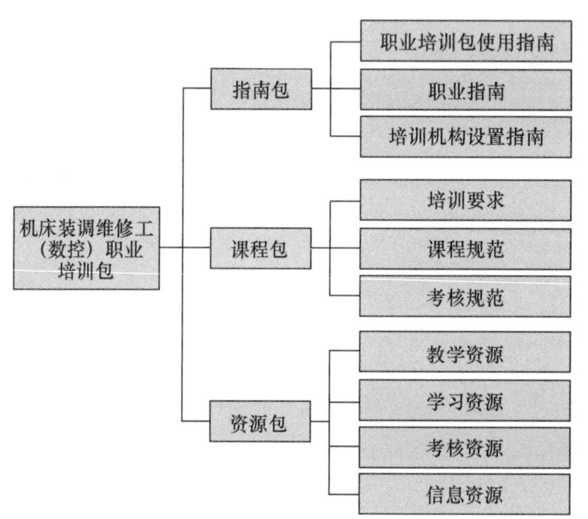

图 1 职业培训包结构图

指南包是指导培训机构、培训教师与学员开展职业培训的服务性内容总和，包括职业培训包使用指南、职业指南和培训机构设置指南。职业培训包使用指南是培训教师与学员了解职业培训包内容、选择培训课程、使用培训资源的说明性文本，职业指南是对职业信息的概述，培训机构设置指南是对培训机构开展职业培训提出的具体要求。

课程包是培训机构和教师实施职业培训、培训学员接受职业培训必须遵守的规范总和，包括培训要求、课程规范、考核规范。培训要求是参照国家职业技能标准、结合职业岗位工作实际需求制定的职业培训规范；课程规范是依据培训要求、结合职业培训教学规律，对课程内容、培训方法与课堂学时等所做的统一规定；考核规范是针对课程规范中所规定的课程内容开发的，能够科学评价培训学员过程性学习效果与终结性培训成果的规则，是客观衡量培训学员职业基本素质与职业技能水平的标准，也是实施职业培训过程性与终结性考核的依据。

资源包是依据课程包要求，基于培训学员特征，遵循职业培训教学规律，应用先进职业培训课程理念，开发的多媒介、多形式的职业培训与考核资源总和，包括教学资源、学习资源、考核资源和信息资源。教学资源是为培训教师组织实施职业培训教学活动提供的相关资源，学习资源是为培训学员学习职业培训课程提供的相关资源，考核资源是为培训机构和教师实施职业培训考核提供的相关资源，信息资源是为培训教师和学员拓宽视野提供的体现科技进步、职业发展的相关动态资源。

1.1.2 培训课程体系介绍

机床装调维修工（数控）职业培训课程体系依据职业技能等级分为职业基本素质培训课程、四级 / 中级职业技能培训课程、三级 / 高级职业技能培训课程、二级 / 技师职业技能培训课程和一级 / 高级技师职业技能培训课程，每一类课程包含模块、课程和学习单元三个层级。机床装调维修工（数控）职业培训课程体系均源自本职业培训包课程包中的课程规范，以学习单元为基础，形成职业层次清晰、内容丰富的“培训课程超市”。

机床装调维修工（数控）职业培训课程学时分配一览表（机械）

职业技能等级	课堂学时		其他学时	培训总学时
	职业基本素质培训课程	职业技能培训课程		
四级 / 中级	93	129	38	260
三级 / 高级	80	140	40	260
二级 / 技师	75	132	33	240
一级 / 高级技师	65	129	26	220

机床装调维修工（数控）职业培训课程学时分配一览表（电气）

职业技能等级	课堂学时		其他学时	培训总学时
	职业基本素质培训课程	职业技能培训课程		
四级 / 中级	93	108	59	260
三级 / 高级	80	149	31	260
二级 / 技师	75	151	14	240
一级 / 高级技师	65	102	53	220

注：课堂学时是指培训机构开展的理论课程教学及实操课程教学的建议最低学时数。除课堂学时外，培训总学时还应包括岗位实习、现场观摩、自学自练等其他学时。

（1）职业基本素质培训课程

模块	课程	学习单元	课堂学时
1. 职业道德	1–1　职业认知	职业认知	1
	1–2　职业道德与职业守则	职业道德与职业守则	1
2. 基础知识	2–1　基础理论知识	（1）机械识图知识	16
		（2）电气识图知识	16
		（3）公差配合与几何公差	4
		（4）金属材料及热处理基础知识	2
		（5）数控机床电气基础知识	8
		（6）金属切削刀具基础知识	4
		（7）液压与气动基础知识	6
		（8）测量与误差分析基础知识	4
		（9）计算机基础知识	2
		（10）专业外语	1
	2–2　机械装调基础知识	（1）钳工操作基础知识	2
		（2）数控机床机械结构基础知识	4
		（3）数控机床机械装配工艺基础知识	2
	2–3　电气装调基础知识	（1）电工操作基础知识	3
		（2）数控机床电气识图基础知识	4
		（3）数控机床电气装配基础知识	4
		（4）数控机床电气调试基础知识	1
		（5）数控机床操作与编程基础知识	1
	2–4　维修基础知识	（1）数控机床精度检测与调整基础知识	1
		（2）数控机床故障诊断与维修基础知识	1
	2–5　安全文明生产与环境保护知识	（1）现场安全文明生产要求	1
		（2）安全操作与劳动保护知识	1
		（3）环境保护知识	1
	2–6　质量管理知识	质量管理知识	1
	2–7　相关法律、法规知识	相关法律、法规知识	1
课堂学时合计			93

注：本表所列为四级 / 中级职业基本素质培训课程，其他等级职业基本素质培训课程按“机床装调维修工（数控）职业培训课程学时分配一览表（机械）”“机床装调维修工（数控）职业培训课程学时分配一览表（电气）”中相应的课堂学时要求对本表进行必要的调整。

（2）四级 / 中级职业技能培训课程

1）机械方向

模块	课程	学习单元	课堂学时
1. 数控机床机械功能部件装配	1–1　机械功能部件装配准备	（1）零部件装配工艺卡的识读	1
		（2）轴、套、盘类零件图的绘制	2
		（3）按照装配要求选择工具、量具、工装等	1
	1–2　机械功能部件装配	（1）钻铰孔	2
		（2）螺纹加工	2
		（3）手工刃磨标准麻花钻	2
		（4）刮削平板	2
		（5）有配合、密封要求的零部件装配	4
		（6）有预紧力要求或有特殊要求的零部件装配	6
		（7）功能部件装配	24
	1–3　机械功能部件装配检查	（1）按照装配技术要求检查机械功能部件相关精度及功能	10
		（2）机械功能部件装配记录单的填写	1
2. 数控机床机械功能部件调整与整机调整	2–1　机械功能部件调整与整机调整准备	机械功能部件装配工艺卡及装配检查记录卡的识读	1
	2–2　机械功能部件调整与整机调整	（1）机械功能部件装配后的试车调整	4
		（2）进行一种型号数控系统的操作	4
		（3）应用一种型号数控系统进行加工编程	8
	2–3　机械功能部件调整与整机调整检查	（1）按照技术文件要求对数控机床进行水平检测与调整	6
		（2）按照技术文件要求对数控机床的功能部件进行几何精度、定位精度等检测	6
		（3）按照国家数控机床精度检测标准进行精度检测及填写相关机床检测报告单	1
3. 数控机床机械功能部件维修	3–1　机械功能部件维修准备	按照维修内容合理选择维修的工具、量具、工装等	1
	3–2　机械功能部件维修	（1）功能部件的拆卸和再装配	24
		（2）齿轮、花键轴、轴承、密封圈、弹簧、紧固件等的检修	6
		（3）各种零部件配合间隙的检查与调整	4
		（4）轴、套、盘类零件图的绘制	2
	3–3　机械功能部件维修检查	（1）维修部件的功能检查	2
		（2）利用仪器、仪表、检具等检查维修部件的几何精度	2
		（3）根据加工精度评估功能部件维修质量及填写维修记录单	1
课堂学时合计			129

2）电气方向

模块	课程	学习单元	课堂学时
1. 数控机床电气部件装配	1-1　电气部件装配准备	（1）数控机床电气原理图、电气布置图、电气接线图等的识读	8
		（2）根据电气部件装配要求选择常用工具、仪器和仪表	1
		（3）按照电气原理图要求选择电气元件及导线、电缆的规格	2
	1-2　电气部件装配	（1）部件的配线与装配	8
		（2）标准麻花钻头的刃磨	2
		（3）在薄板上钻孔	1
		（4）根据电气布置图要求安装电气元件	2
		（5）按照电气原理图、电气接线图连接线路	10
		（6）使用电烙铁焊接电气元件	1
	1-3　电气部件装配检查	（1）检查电气元件安装的正确性	1
		（2）检查线路连接的正确性	2
		（3）检查电气元件、连接线路规格型号选择的正确性	2
		（4）利用相关仪器、仪表检查电气配电板连接的正确性	2
		（5）电气部件装配记录单的填写	1
2. 数控机床电气部件调试	2-1　电气部件调试准备	按照电气部件调试要求准备工具、仪器、仪表、机床资料等	1
	2-2　电气部件调试	（1）数控机床系统面板、操作面板的操作	4
		（2）数控机床一般功能的调试	8
		（3）应用一种型号数控系统进行加工编程	4
	2-3　电气部件调试检查	（1）按照相关图样要求对通电调试的数控机床线路检测点进行通电前电阻测试	1
		（2）按照相关图样要求对通电调试的数控机床线路检测点进行通电时电压测试	1
		（3）按照相关技术文件要求对数控机床进行功能检查	1
		（4）电气部件装配记录单的填写	1
3. 数控机床电气部件维修	3-1　电气部件维修准备	（1）数控机床电气原理图、电气布置图、电气接线图等的识读	2
		（2）数控机床操作说明书及维修操作手册的识读	4
		（3）故障设备维修现场考察及维修前工具、仪器、仪表的准备	4
		（4）相关维修设备安全作业规程的识读	2

续表

模块	课程	学习单元	课堂学时
3. 数控机床电气部件维修	3-2　电气部件维修	（1）部件线路的拆卸和再装配	16
		（2）电气维修中配线质量的检查及配线问题的解决	1
		（3）数控机床系统面板、操作面板的操作	1
		（4）使用数控机床诊断功能或可编程逻辑控制器梯形图（语句表）等分析故障	8
		（5）数控机床调试中常见电气故障的排除	4
	3-3　电气部件维修检查	（1）数控机床维修后的功能检查	1
		（2）维修记录单的填写	1
课堂学时合计			108

（3）三级 / 高级职业技能培训课程

1）机械方向

模块	课程	学习单元	课堂学时
1. 数控机床机械总装	1-1　机械总装准备	（1）数控机床部件装配图和总装配图的识读	2
		（2）连接件装配图的绘制	4
		（3）根据整机装配要求准备工具、量具、检具、工装等	1
	1-2　机械总装	（1）刮削平板	2
		（2）按照工艺规范要求完成一种型号以上数控机床机械功能部件与床身的总装配	24
		（3）在数控机床总装过程中进行几何精度的检测及一般误差的分析和调整	8
	1-3　机械总装检查	按照国家数控机床精度检验标准对机床整机进行几何精度检测	6
2. 数控机床整机调整与验收	2-1　整机调整准备	（1）数控机床电气原理图、电气接线图的识读	2
		（2）两种型号以上数控系统的操作	4
		（3）两种型号以上数控系统的加工编程	8
	2-2　整机调整	（1）数控机床总装几何精度、定位精度的检测和调整	8
		（2）数控机床切削性能的调整	4
		（3）试切工件的加工	4
		（4）加工工件检测、误差原因分析及机床调整	4

续表

模块	课程	学习单元	课堂学时
2. 数控机床整机调整与验收	2–2　整机调整	（5）三坐标测量报告、激光检测报告的识读及一般误差的分析和调整	8
		（6）用计算机辅助设计与制造软件进行仿真加工并生成加工程序	16
	2–3　整机验收	按照国家数控机床精度检验标准对机床整机进行精度检验	2
3. 数控机床机械维修	3–1　机械维修准备	（1）数控机床部件装配图和总装配图的识读	2
		（2）数控机床电气原理图和电气接线图的识读	1
		（3）数控机床液压与气动原理图的识读	2
	3–2　机械维修	（1）数控机床整机拆卸与组装	16
		（2）通过数控机床诊断功能判断常见机械、电气、液压和气动控制故障	4
		（3）数控机床机械故障的排除	4
		（4）数控机床强电故障的排除	2
	3–3　机械维修检查	按照国家数控机床精度检验标准对机床整机进行精度检验	2
课堂学时合计			140

2）电气方向

模块	课程	学习单元	课堂学时
1. 数控机床整机电气装配	1–1　整机电气装配准备	（1）数控机床电气总装配图的识读	2
		（2）数控机床液压与气动原理图的识读	2
		（3）与电气相关的机械图识读	8
		（4）数控机床整机电气装配前工具、仪器、仪表及相关技术文件的准备	1
	1–2　整机电气装配	（1）按照电气装配技术文件要求进行数控机床的配电板、变压器、数控装置、电源等部件的安装	16
		（2）数控机床各部件的连接	16
		（3）按照相关技术文件要求进行屏蔽线、接地线等的连接	1
	1–3　整机电气装配检查	（1）通电前短路检测及接地电阻值检测	1
		（2）按照技术文件规定检测相关检测点的电阻值	1

续表

<table>
<tr><th>模块</th><th>课程</th><th>学习单元</th><th>课堂学时</th></tr>
<tr><td rowspan="10">2. 数控机床整机电气调试</td><td rowspan="2">2–1 整机电气调试准备</td><td>（1）数控机床安装调试手册的识读</td><td>2</td></tr>
<tr><td>（2）数控机床整机电气调试前工具、仪器、仪表及相关技术文件的准备</td><td>1</td></tr>
<tr><td rowspan="6">2–2 整机电气调试</td><td>（1）数控系统通信与数据备份及恢复</td><td>4</td></tr>
<tr><td>（2）数控机床调试中系统及可编程逻辑控制器的应用</td><td>16</td></tr>
<tr><td>（3）数控机床调试中机床诊断功能的应用</td><td>16</td></tr>
<tr><td>（4）试件加工程序的编制</td><td>4</td></tr>
<tr><td>（5）数控机床试车</td><td>2</td></tr>
<tr><td>（6）试车与工件加工</td><td>4</td></tr>
<tr><td rowspan="2">2–3 整机电气调试检查</td><td>（1）数控机床电气调试中控制功能的检查</td><td>4</td></tr>
<tr><td>（2）整机电气调试记录单的填写</td><td>1</td></tr>
<tr><td rowspan="8">3. 数控机床电气维修</td><td rowspan="4">3–1 电气维修准备</td><td>（1）数控机床电气布置图、电气原理图和电气接线图的识读</td><td>2</td></tr>
<tr><td>（2）数控机床电气总装配图的识读</td><td>2</td></tr>
<tr><td>（3）数控机床液压与气动原理图的识读</td><td>2</td></tr>
<tr><td>（4）与电气相关的机械图识读</td><td>4</td></tr>
<tr><td rowspan="3">3–2 电气维修</td><td>（1）电气故障检查中仪器、仪表的应用</td><td>4</td></tr>
<tr><td>（2）电气故障检查中数控系统诊断功能和可编程逻辑控制器梯形图的应用</td><td>16</td></tr>
<tr><td>（3）数控机床常见强、弱电气故障的维修</td><td>16</td></tr>
<tr><td>3–3 电气维修检查</td><td>数控机床故障修复情况的检查及机床维修验收单的填写</td><td>1</td></tr>
<tr><td colspan="3">课堂学时合计</td><td>149</td></tr>
</table>

（4）二级 / 技师职业技能培训课程

1）机械方向

<table>
<tr><th>模块</th><th>课程</th><th>学习单元</th><th>课堂学时</th></tr>
<tr><td rowspan="6">1. 数控机床机械装配与调整</td><td rowspan="6">1–1 机械装配与调整前准备</td><td>（1）一般装配夹具、胎具的设计与制造</td><td>2</td></tr>
<tr><td>（2）机械图样的绘制</td><td>2</td></tr>
<tr><td>（3）电气识图</td><td>2</td></tr>
<tr><td>（4）液压（气动）识图</td><td>1</td></tr>
<tr><td>（5）进口数控机床产品简要机械说明书的识读</td><td>1</td></tr>
<tr><td>（6）数控机床机械装配与调整工艺规程的编制</td><td>1</td></tr>
</table>

续表

模块	课程	学习单元	课堂学时
1. 数控机床机械装配与调整	1–2 机械装配与调整	（1）数控机床的机械总装与调整	8
		（2）数控系统加工编程	4
		（3）试制新产品的机械装配与调试	2
		（4）数控机床可编程逻辑控制器	24
		（5）机械装配关系及改进	4
		（6）数控机床日常维护保养	1
	1–3 机械装配与调整检查	（1）数控机床精度检测	12
		（2）数控机床精度误差分析与调整	16
2. 数控机床机械维修	2–1 机械维修准备	数控机床机械维修专用工具、量具、工装和检具的选择与使用方法	1
	2–2 机械维修	（1）复杂数控机床液压和气动故障的排除	2
		（2）数控机床的大修	4
		（3）高速、精密、大型数控机床的维护保养	2
		（4）高速、精密、大型数控机床易损件的更换与维修	2
		（5）复杂数控机床常见电气线路故障的排除	2
	2–3 机械维修检查	数控机床维修验收	1
3. 数控机床机械技术改造	3–1 机械技术改造准备	数控机床机械改造常用工具、量具和仪表的选择与使用方法	1
	3–2 机械技术改造	（1）数控机床机械结构工艺改进	8
		（2）机械零部件测绘	8
		（3）电主轴的安装与调试	8
		（4）使用力矩电动机改造蜗轮、蜗杆传动机构	4
	3–3 机械技术改造验收	数控机床机械技术改造验收	2
4. 培训与指导	4–1 指导操作	指导本职业三级 / 高级及以下级别人员的实际操作	2
	4–2 理论培训	（1）培训大纲的编写	1
		（2）专业技术理论知识的讲授	1
5. 质量与生产管理	5–1 质量管理	（1）数控机床装调维修质量标准	1
		（2）数控机床装调维修操作质量分析与控制	1
	5–2 生产管理	生产管理	1
课堂学时合计			132

2）电气方向

<table>
<tr><th>模块</th><th>课程</th><th>学习单元</th><th>课堂学时</th></tr>
<tr><td rowspan="11">1. 数控机床电气装配与调整</td><td rowspan="4">1-1 电气装配与调整前准备</td><td>（1）复杂数控机床机械总装图、部件装配图、液压（气动）系统原理图的识读</td><td>2</td></tr>
<tr><td>（2）简单机械零件图的绘制</td><td>2</td></tr>
<tr><td>（3）进口数控机床产品简要电气说明书的识读</td><td>1</td></tr>
<tr><td>（4）电气装配工艺规程的编制</td><td>1</td></tr>
<tr><td rowspan="6">1-2 电气装配与调整</td><td>（1）数控系统加工编程</td><td>24</td></tr>
<tr><td>（2）数控系统进给误差补偿</td><td>16</td></tr>
<tr><td>（3）进给轴伺服优化</td><td>8</td></tr>
<tr><td>（4）数控机床电气新技术</td><td>8</td></tr>
<tr><td>（5）新产品的电气装配与调试</td><td>4</td></tr>
<tr><td>（6）质量问题的分析</td><td>2</td></tr>
<tr><td>1-3 电气装配与调整检查</td><td>电气装配与调整检查</td><td>2</td></tr>
<tr><td rowspan="4">2. 数控机床电气维修</td><td>2-1 电气维修前准备</td><td>电气维修前准备</td><td>1</td></tr>
<tr><td rowspan="2">2-2 电气维修</td><td>（1）电气、液压（气动）控制系统故障的排除</td><td>16</td></tr>
<tr><td>（2）数控机床常见机械故障的排除</td><td>8</td></tr>
<tr><td>2-3 电气维修检查</td><td>电气维修检查</td><td>2</td></tr>
<tr><td rowspan="7">3. 数控机床电气技术改造</td><td>3-1 电气技术改造前准备</td><td>电气技术改造常用工具、仪器和仪表的选择与使用方法</td><td>1</td></tr>
<tr><td rowspan="5">3-2 电气技术改造</td><td>（1）数控机床电气系统改进方法</td><td>8</td></tr>
<tr><td>（2）数控系统联网及数据采集系统的改造</td><td>4</td></tr>
<tr><td>（3）力矩电动机的使用</td><td>8</td></tr>
<tr><td>（4）电主轴的连接与调试</td><td>8</td></tr>
<tr><td>（5）电气控制线路的设计</td><td>16</td></tr>
<tr><td>3-3 电气技术改造验收</td><td>电气技术改造验收</td><td>2</td></tr>
<tr><td rowspan="3">4. 培训与指导</td><td>4-1 指导操作</td><td>指导本职业三级 / 高级及以下级别人员的实际操作</td><td>2</td></tr>
<tr><td rowspan="2">4-2 理论培训</td><td>（1）培训大纲的编写</td><td>1</td></tr>
<tr><td>（2）专业技术理论知识的讲授</td><td>1</td></tr>
<tr><td rowspan="3">5. 质量与生产管理</td><td rowspan="2">5-1 质量管理</td><td>（1）数控机床装调维修质量标准</td><td>1</td></tr>
<tr><td>（2）数控机床装调维修操作质量分析与控制</td><td>1</td></tr>
<tr><td>5-2 生产管理</td><td>生产管理</td><td>1</td></tr>
<tr><td colspan="3">课堂学时合计</td><td>151</td></tr>
</table>

（5）一级 / 高级技师职业技能培训课程

1）机械方向

模块	课程	学习单元	课堂学时
1. 数控机床机械装配与调试	1-1　机械装配与调试准备	（1）复杂数控机床的机械、电气、液压（气动）系统原理图、电气接线图的识读	4
		（2）进口数控机床使用说明书的识读	2
		（3）高速、精密、大型数控机床装配与调试的专用工具、量具、夹具、胎具等的准备	1
		（4）高速电主轴装配与调试的工装、动平衡仪等设备的准备	8
	1-2　机械装配与调试	（1）数控机床操作与编程	8
		（2）组织解决高速、精密、大型数控设备装配中出现的疑难问题	2
		（3）组织解决新产品装配和调整中出现的重大疑难问题	4
		（4）高速、高精密陶瓷轴承装配	8
		（5）高速、高精度电主轴轴承的冷装、热装	8
		（6）高速、高精度电主轴装配和调试中动平衡仪的应用	8
	1-3　机械装配与调试检查	（1）激光干涉仪、球杆仪等现代数字化检测设备在数控机床机械装配与调试精度检测中的应用	6
		（2）数字化检测设备检测报告的误差分析及数控机床精度调整方案的编制与实施	4
2. 数控机床机械维修	2-1　机械维修准备	精密电子工具、检具等的选用	2
	2-2　机械维修	（1）复杂、大型数控机床机械、液压（气动）系统疑难故障的诊断与排除	12
		（2）机械维修中常见电气故障的排除	2
	2-3　机械维修检查	整机机械精度检测	2
3. 新技术应用	新技术应用	（1）新工艺、新技术、新材料和新设备的应用与推广	4
		（2）新技术在数控机床改造中的应用	4
		（3）应用一种计算机辅助设计与制造软件编制加工程序	24
		（4）根据零件特点设计机械手夹具	4

续表

模块	课程	学习单元	课堂学时
4. 培训与指导	4-1　指导操作	指导二级 / 技师及以下级别人员的实际操作	2
	4-2　理论培训	（1）对二级 / 技师及以下级别人员进行专业理论培训	1
		（2）培训讲义的编写	1
5. 质量与生产管理	5-1　质量管理	（1）组织质量攻关	2
		（2）产品质量评审方案的提出	2
	5-2　生产管理	调度及人员管理方案的提出	4
课堂学时合计			129

2）电气方向

模块	课程	学习单元	课堂学时
1. 数控机床电气装配与调试	1-1　电气装配与调试准备	（1）复杂数控机床机械、电气、液压（气动）系统原理图、电气接线图的识读	6
		（2）进口数控机床使用说明书的识读	2
		（3）高速、精密、大型数控机床电气装配与调试的工具、仪器和仪表的准备	4
	1-2　电气装配与调试	（1）复杂数控机床的操作与编程	4
		（2）组织解决在装配高速、精密、大型数控机床中出现的电气疑难问题	8
		（3）电气故障检测及故障点的判断	12
		（4）新产品试制、装配和调试中问题的解决	4
	1-3　电气装配与调试检查	（1）数控机床各项功能的检验	4
		（2）电气装配与调整记录单的填写	1
2. 数控机床电气维修	2-1　电气维修准备	数控机床电气维修工具、量具、仪表和技术资料的准备	2
	2-2　电气维修	（1）进口、复杂、大型数控机床疑难电气故障的排除与安全集成	12
		（2）数控机床维修中与电气故障相关的机械故障的排除	4
		（3）通过远程诊断解决疑难问题	6
	2-3　电气维修检查	数控机床电气故障修复情况的检查	1

续表

<table>
<tr><th>模块</th><th>课程</th><th>学习单元</th><th>课堂学时</th></tr>
<tr><td rowspan="4">3. 新技术应用</td><td rowspan="4">新技术应用</td><td>（1）新工艺、新技术、新材料和新设备的应用与推广</td><td>4</td></tr>
<tr><td>（2）数控机床数据的采集与分析</td><td>4</td></tr>
<tr><td>（3）新技术在数控机床改造中的应用</td><td>8</td></tr>
<tr><td>（4）射频识别（RFID）技术在零件制造过程管理中的应用</td><td>4</td></tr>
<tr><td rowspan="3">4. 培训与指导</td><td>4–1 指导操作</td><td>指导二级 / 技师及以下级别人员的实际操作</td><td>2</td></tr>
<tr><td rowspan="2">4–2 理论培训</td><td>（1）对二级 / 技师及以下级别人员进行专业理论培训</td><td>1</td></tr>
<tr><td>（2）培训讲义的编写</td><td>1</td></tr>
<tr><td rowspan="3">5. 质量与生产管理</td><td rowspan="2">5–1 质量管理</td><td>（1）组织质量攻关</td><td>2</td></tr>
<tr><td>（2）产品质量评审方案的提出</td><td>2</td></tr>
<tr><td>5–2 生产管理</td><td>调度及人员管理方案的提出</td><td>4</td></tr>
<tr><td colspan="3">课堂学时合计</td><td>102</td></tr>
</table>

1.1.3 培训课程选择指导

职业基本素质培训课程为必修课程，相当于本职业的入门课程。各级别职业技能培训课程由培训机构教师根据培训学员实际情况，遵循高级别涵盖低级别的原则进行选择。

原则上，初入职的培训学员应学习职业基本素质培训课程和最低等级职业技能培训课程的全部内容，有职业技能等级提升需求的培训学员，可按照国家职业技能标准的“鉴定要求”，对照自身需求选择更高等级的培训课程。

具有一定从业经验、无职业技能等级晋升要求的培训学员，可根据自身实际情况自主选择本职业培训课程。其具体方法为：（1）选择课程模块；（2）在模块中筛选课程；（3）在课程中筛选学习单元；（4）组合成本次培训的整个课程。

培训教师可以根据以上方法对培训学员进行单独指导。对于订单培训，培训教师可以按照以上方法，对照订单要求进行培训课程的选择。

1.2 职业指南

1.2.1 职业描述

机床装调维修工（数控）是使用设备、工装、工具和检测仪器，装配、调试和维修数控机床的人员。

1.2.2 职业培训对象

参加机床装调维修工（数控）职业培训的对象主要包括：城乡未继续升学的应届初高中毕业生、农村转移就业劳动者、城镇登记失业人员、转岗转业人员、退役军人、企业在职职工和高校毕业生等各类有培训需求的人员。

1.2.3 就业前景

机床装调维修工（数控）的工作岗位有设备维修工、维修组长等，还可以视情况晋升为设备主管、技术总监、服务经理等。

1.3 培训机构设置指南

1.3.1 师资配备要求

（1）培训教师任职基本条件

1）培训四级 / 中级、三级 / 高级的教师应具有本职业二级 / 技师及以上职业资格证书或相关专业中级及以上专业技术职务任职资格。

2）培训二级 / 技师的教师应具有本职业一级 / 高级技师职业资格证书或相关专业高级专业技术职务任职资格。

3）培训一级 / 高级技师的教师应具有本职业一级 / 高级技师职业资格证书 2 年以上或相关专业高级专业技术职务任职资格。

（2）培训教师数量要求（以 20 人培训班为基准）

1）理论课教师：1 人以上；培训规模超过 20 人的，按教师与学员之比不低于 1∶20 配备教师。

2）实习指导教师：1 人以上；培训规模超过 20 人的，按教师与学员之比不低于 1∶20 配备教师。

1.3.2 培训场所设备配置要求

培训场所设备配置要求如下（以 20 人培训班为基准）：

（1）理论知识培训场所设备配置要求：70 ~ 80 m^2 标准教室，多媒体设备（计算机、投影仪、幕布或显示屏、网络接入设备、音响设备）、黑板、20 套以上桌椅，符合照明、通风、安全等相关规定。

（2）操作技能培训场所设备配置要求：实训工位充足，设备设施配套齐全，符合环保、劳保、安全、卫生、消防、通风、照明等相关规定及安全规程。各级别实训场所的实训设备数量和工具配置必须同时满足 20 名学员进行实训教学，每个工位实训学员不超过 5 人。

操作技能培训场所设备配置应符合本职业各级别主要实训教室工位数及主要设备配置要求对照表所列要求（按标准培训班 20 人配备）。

四级 / 中级主要实训教室工位数及主要设备配置要求对照表

序号	教室名称	工位数量	主要设备、工具及材料配置	备注
1	制图教学实训室	20	A0 图版配套丁字尺、三角尺、圆规 20 套	1 人 / 工位
2	机械装配实训室	20	钳工工作台、台虎钳、平板、常用维修工具 20 套；主轴装配实训台 5 套；十字滑台实训台 5 套；砂轮机 3 台；台钻 5 台；磁力钻 2 台	1 人 / 工位，但主轴装配实训台、十字滑台实训台 2 人 / 工位
3	电工技术实训室	20	工作台、常用电工工具、万用表、电烙铁 20 套；配电板、电柜接线实训台 10 套	1 人 / 工位，但配电板、电柜接线实训台 2 人 / 工位
4	数控仿真实训室	10	西门子（SINUMERIK）系统仿真实训台 5 套；发那科（FANUC）系统仿真实训台 5 套	2 人 / 工位
5	发那科机床实训室	10	发那科系统数控车 5 台；发那科系统三轴加工中心 5 台；发那科操作说明书、参数说明书、维修说明书 3 套	2 人 / 工位

续表

序号	教室名称	工位数量	主要设备、工具及材料配置	备注
6	西门子机床实训室	10	西门子系统数控车5台；西门子系统三轴加工中心5台；西门子操作手册、编程手册、诊断手册、简明调试手册3套	2人/工位
7	检具室	—	常用检具（方尺、芯棒、百分表、千分表、表架）10套；自准直仪5套	根据教学内容出借检具、仪器在发那科、西门子机床实训室中配套使用

三级/高级主要实训教室工位数及主要设备配置要求对照表

序号	教室名称	工位数量	主要设备、工具及材料配置	备注
1	制图教学实训室	20	A0图版配套丁字尺、三角尺、圆规20套；制图用计算机20台（安装AutoCAD、CAXA等软件）	1人/工位
2	机械装配实训室	20	钳工工作台、台虎钳、平板、常用维修工具20套；数控车床整机5台；立式加工中心整机5台；砂轮机3台；台钻5台；磁力钻2台	1人/工位，但数控车床、立式加工中心3～4人/工位
3	电工技术实训室	20	工作台、常用电工工具、万用表、电烙铁20套；PLC实训台5套；变频器实训台5套	1人/工位，但PLC实训台、变频器实训台2人/工位
4	数控仿真实训室	20	西门子系统仿真实训台5套；发那科系统仿真实训台5套；华中系统仿真实训台5套；刀库仿真实训台5套	2人/工位
5	发那科机床实训室	10	发那科系统数控车5台；发那科系统三轴加工中心5台；发那科操作说明书、参数说明书、维修说明书3套	2人/工位
6	西门子机床实训室	10	西门子系统数控车5台；西门子系统三轴加工中心5台；西门子操作手册、编程手册、诊断手册、简明调试手册3套	2人/工位
7	检具室	—	常用检具（方尺、芯棒、百分表、千分表、表架）10套；自准直仪5套；激光干涉仪5套	根据教学内容出借检具、仪器在发那科、西门子机床实训室中配套使用

二级 / 技师、一级 / 高级技师主要实训教室工位数及主要设备配置要求对照表

序号	教室名称	工位数量	主要设备、工具及材料配置	备注
1	制图教学实训室	20	A0 图版配套丁字尺、三角尺、圆规 20 套；制图用计算机 20 台（安装 AutoCAD、Mastercam9.1、UGNX12.0 等软件）	1 人 / 工位
2	机械装配实训室	20	钳工工作台、台虎钳、平板、常用维修工具 20 套；电主轴 5 根；轴承装配台 5 套；砂轮机 3 台；台钻 5 台；磁力钻 2 台；动平衡仪 2 台	1 人 / 工位，但电主轴及轴承装配台 2 人 / 工位
3	电工技术实训室	20	工作台、常用电工工具、万用表、电烙铁 20 套；PLC 实训台 5 套；变频器实训台 5 套	1 人 / 工位，但 PLC 实训台、变频器实训台 2 人 / 工位
4	数控仿真实训室	20	西门子系统仿真实训台 5 套；发那科系统仿真实训台 5 套；华中系统仿真实训台 5 套；刀库仿真实训台 5 套	2 人 / 工位
5	发那科机床实训室	10	发那科系统数控车 5 台；发那科系统三轴加工中心 5 台；发那科操作说明书、参数说明书、维修说明书等 3 套	2 人 / 工位
6	西门子机床实训室	10	西门子系统数控车 5 台；西门子系统三轴加工中心 5 台；西门子操作手册、编程手册、诊断手册、简明调试手册等 3 套	2 人 / 工位
7	检具室	—	常用检具（方尺、芯棒、百分表、千分表、表架）10 套；自准直仪 5 套；激光干涉仪 5 套；球杆仪 5 套；在线测量测头 5 套	根据教学内容出借检具、仪器在发那科、西门子机床实训室中配套使用
8	先进技术交流互动室	—	整套多媒体设备（计算机、投影仪、幕布或显示屏、网络接入设备、音响设备）；各类文献、期刊、工具书	—

1.3.3　教学资料配备要求

（1）培训规范：《机床装调维修工国家职业技能标准》《机床装调维修工（数控）职业基本素质培训要求》《机床装调维修工（数控）职业技能培训要求》《机床装调维修工（数控）职业基本素质培训课程规范》《机床装调维修工（数控）职业技能培训

课程规范》《机床装调维修工（数控）职业基本素质培训考核规范》《机床装调维修工（数控）职业技能培训理论知识考核规范》《机床装调维修工（数控）职业技能培训操作技能考核规范》。

（2）教学资源：教材教辅、网络资源内容必须符合“（1）培训规范”。

1.3.4 管理人员配备要求

（1）专职校长：1 人，应具有大专及以上文化程度、中级及以上专业技术职务任职资格，从事职业技术教育及教学管理 5 年以上，熟悉职业培训的有关法律法规。

（2）教学管理人员：1 人以上，专职不少于 1 人；应具有大专及以上文化程度、中级及以上专业技术职务任职资格，从事职业技术教育及教学管理 5 年以上，具有丰富的教学管理经验。

（3）办公室人员：1 人以上，应具有大专及以上文化程度。

（4）财务管理人员：2 人，应具有大专及以上文化程度。

1.3.5 管理制度要求

应建立完备的管理制度，包括办学章程与发展规划、教学管理、教师管理、学员管理、财务管理、设备管理等制度。

2 课程包

2.1 培训要求

2.1.1 职业基本素质培训要求

职业基本素质模块	培训内容	培训细目
1. 职业道德	1-1　职业认知	（1）数控机床装调维修的概念 （2）数控机床装调维修工的工作内容
	1-2　职业道德与职业守则	（1）职业道德的内涵、基本要素和特征 （2）职业道德基本规范 （3）数控机床装调维修工的职业守则
2. 基础知识	2-1　基础理论知识	（1）机械识图知识 （2）电气识图知识 （3）公差配合与几何公差 （4）金属材料及热处理基础知识 （5）数控机床电气基础知识 （6）金属切削刀具基础知识 （7）液压与气动基础知识 （8）测量与误差分析基础知识 （9）计算机基础知识 （10）专业外语
	2-2　机械装调基础知识	（1）钳工操作基础知识 （2）数控机床机械结构基础知识 （3）数控机床机械装配工艺基础知识
	2-3　电气装调基础知识	（1）电工操作基础知识 （2）数控机床电气识图基础知识 （3）数控机床电气装配基础知识 （4）数控机床电气调试基础知识 （5）数控机床操作与编程基础知识
	2-4　维修基础知识	（1）数控机床精度检测与调整基础知识 （2）数控机床故障诊断与维修基础知识
	2-5　安全文明生产与环境保护知识	（1）现场安全文明生产要求 （2）安全操作与劳动保护知识 （3）环境保护知识
	2-6　质量管理知识	（1）企业质量目标 （2）岗位质量要求 （3）岗位质量保证措施与责任
	2-7　相关法律、法规知识	（1）《中华人民共和国劳动法》相关知识 （2）《中华人民共和国合同法》相关知识

2.1.2 四级 / 中级职业技能培训要求

（1）机械方向

职业功能模块	培训内容	技能目标	培训细目
1. 数控机床机械功能部件装配	1-1 机械功能部件装配准备	1-1-1 能读懂零部件装配工艺卡	识读工艺卡装配流程
		1-1-2 能绘制轴、套、盘类零件图	绘制轴、套、盘类零件图
		1-1-3 能按照装配要求选择工具、量具、工装等	（1）使用机械装配常用工具和工装 （2）使用机械装配常用量具和仪器
	1-2 机械功能部件装配	1-2-1 能钻铰孔，并达到以下要求：公差等级 IT8，表面粗糙度 $Ra1.6\ \mu m$	（1）钻孔加工 （2）铰孔加工
		1-2-2 能加工 M12 以下的螺纹，没有明显的倾斜	M12 以下的螺纹加工
		1-2-3 能手工刃磨标准麻花钻头	（1）使用砂轮机 （2）手工刃磨标准麻花钻头
		1-2-4 能刮削平板，并达到以下要求：在 25 mm × 25 mm 范围内接触点数不少于 16 点，表面粗糙度 $Ra0.8\ \mu m$	平板刮削
		1-2-5 能完成有配合、密封要求的零部件装配	（1）装配有配合要求的零部件 （2）装配有密封要求的零部件
		1-2-6 完成有预紧力要求或有特殊要求的零部件装配（如主轴轴承、主轴的动平衡等）	装配机械主轴
		1-2-7 能对以下功能部件中的一种进行装配 （1）主轴箱 （2）进给传动部件 （3）换刀装置（刀架、刀库与机械手） （4）辅助设备（液压系统、气动系统、润滑系统、冷却系统、排屑、防护等）	（1）装配主轴箱 （2）装配进给传动部件 （3）装配换刀装置（刀架、刀库与机械手） （4）装配辅助设备（液压系统、气动系统、润滑系统、冷却系统、排屑、防护等）

续表

职业功能模块	培训内容	技能目标	培训细目
1. 数控机床机械功能部件装配	1–3 机械功能部件装配检查	1–3–1 能按照装配技术要求检查机械功能部件相关精度及功能	（1）检查机械功能部件精度 （2）检查机械功能部件功能
		1–3–2 能填写机械功能部件装配记录单	填写机械功能部件装配记录单
2. 数控机床机械功能部件调整与整机调整	2–1 机械功能部件调整与整机调整准备	2–1–1 能读懂机械功能部件装配图	识读机械功能部件装配图
		2–1–2 能读懂机械功能部件装配工艺卡及装配检查记录卡	（1）识读机械功能部件装配工艺卡 （2）识读机械功能部件装配检查记录卡
	2–2 机械功能部件调整与整机调整	2–2–1 能对机械功能部件进行装配后的试车调整（如主轴箱的空运转试验、刀架的空运转试验、液压站的试验等）	（1）主轴箱空运转试验 （2）刀架空运转试验 （3）液压站试验
		2–2–2 能进行一种型号数控系统的操作 （1）FANUC 0i–D （2）SINUMERIK 828D	（1）操作 FANUC 0i–D 数控系统 （2）操作 SINUMERIK 828D 数控系统
		2–2–3 至少能应用一种型号数控系统进行加工编程 （1）FANUC 0i–D （2）SINUMERIK 828D	（1）FANUC 0i–D 数控系统编程 （2）SINUMERIK 828D 数控系统编程
	2–3 机械功能部件调整与整机调整检查	2–3–1 能按照技术文件要求对数控机床进行水平检测与调整	（1）检测数控机床水平精度 （2）调整数控机床水平精度
		2–3–2 能按照技术文件要求对数控机床的功能部件进行几何精度、定位精度等检测	（1）检测数控机床功能部件的几何精度 （2）检测数控机床功能部件的定位精度
		2–3–3 能按照国家数控机床精度检测标准进行精度检测，并填写相关机床检测报告单	（1）解读数控机床整机精度检测标准 （2）检测数控机床精度 （3）填写机床检测报告单

续表

职业功能模块	培训内容	技能目标	培训细目
3. 数控机床机械功能部件维修	3-1　机械功能部件维修准备	能按照维修内容合理选择维修的工具、量具、工装等	使用机械维修常用工具、量具、工装
	3-2　机械功能部件维修	3-2-1　能对以下功能部件中的一种进行拆卸和再装配 （1）主轴箱 （2）进给传动部件 （3）换刀装置（刀架、刀库与机械手） （4）辅助设备（液压系统、气动系统、润滑系统、冷却系统、排屑、防护等）	（1）拆装主轴箱 （2）拆装进给传动部件 （3）拆装换刀装置（刀架、刀库与机械手） （4）拆装辅助设备（液压系统、气动系统、润滑系统、冷却系统、排屑、防护等）
		3-2-2　能检修齿轮、花键轴、轴承、密封件、弹簧和紧固件等	（1）检修齿轮 （2）检修花键轴 （3）检修轴承 （4）检修密封件 （5）检修弹簧 （6）检修紧固件
		3-2-3　能检查、调整各种零部件的配合间隙（如齿轮啮合间隙、轴承间隙等）	（1）检查齿轮啮合间隙并调整 （2）检查轴承间隙并调整
		3-2-4　能绘制轴、套、盘类零件图	（1）绘制一般轴类零件图 （2）绘制一般套类零件图 （3）绘制一般盘类零件图
	3-3　机械功能部件维修检查	3-3-1　能检查维修部件的功能	检查维修部件的功能
		3-3-2　能利用仪器、仪表、检具等检查维修部件的几何精度	检查机械功能部件维修后的几何精度
		3-3-3　能根据加工精度评估功能部件维修质量，填写维修记录单	（1）根据加工精度评估一般功能部件维修质量 （2）填写维修记录单

（2）电气方向

职业功能模块	培训内容	技能目标	培训细目
1. 数控机床电气部件装配	1-1　电气部件装配准备	1-1-1　能读懂数控机床电气原理图、电气布置图、电气接线图等	（1）识读电气元件符号 （2）识读电气原理图 （3）识图电气布置图 （4）识图电气接线图
		1-1-2　能根据电气部件装配要求选择常用工具、仪器和仪表	使用电气部件装配常用的工具、仪器和仪表
		1-1-3　能按照电气原理图要求选择电气元件及导线、电缆的规格	（1）数控机床常用电气元件选型 （2）导线和电缆选型
	1-2　电气部件装配	1-2-1　能对以下部件的一种进行配线与装配 （1）电气柜配线板 （2）机床操纵台 （3）电气柜与机床各部分的连接	（1）电气柜配线板的配线与装配 （2）机床操纵台的配线与装配 （3）电气柜与机床各部分连接的配线与装配
		1-2-2　能刃磨标准麻花钻头	（1）使用砂轮机 （2）刃磨标准麻花钻头
		1-2-3　能在薄板上钻孔	薄板钻孔
		1-2-4　能根据电气布置图要求安装电气元件	安装电气元件
		1-2-5　能按照电气原理图和电气接线图连接线路	连接电气线路
		1-2-6　能使用电烙铁焊接电气元件	使用电烙铁焊接电气元件
	1-3　电气部件装配检查	1-3-1　能检查电气元件安装的正确性	电气元件安装检查
		1-3-2　能检查线路连接的正确性	线路连接检查
		1-3-3　能检查电气元件、连接线路规格型号选择的正确性	电气元件、连接线路选型检查
		1-3-4　能利用相关仪器、仪表检查电气配电板连接的正确性	电气配电板连接检查
		1-3-5　能填写电气部件装配记录单	填写电气部件装配记录单

续表

职业功能模块	培训内容	技能目标	培训细目
2. 数控机床电气部件调试	2-1 电气部件调试准备	能按照电气部件调试要求准备工具、仪器、仪表、机床资料等	（1）使用电气部件调试常用的工具、仪器和仪表 （2）数控机床资料种类简介
	2-2 电气部件调试	2-2-1 能对数控机床系统面板、操作面板进行操作	（1）识读数控机床操作说明书 （2）操作数控机床系统面板、操作面板
		2-2-2 能进行数控机床一般功能的调试	（1）一般数控系统硬件连接 （2）调试直线轴返回参考点功能
		2-2-3 能应用一种型号数控系统进行加工编程	（1）FANUC 0i–D 数控系统编程 （2）SINUMERIK 828D 数控系统编程
	2-3 电气部件调试检查	2-3-1 能按照相关图样要求对通电调试的数控机床线路检测点进行通电前电阻检测	数控机床线路检测点通电前的电阻检测
		2-3-2 能按照相关图样要求对通电调试的数控机床线路检测点进行通电时电压检测	数控机床线路检测点通电时的电压检测
		2-3-3 能按照相关技术文件要求对数控机床进行功能检查	检查数控机床功能
		2-3-4 能填写电气部件装配记录单	填写电气部件装配记录单
3. 数控机床电气部件维修	3-1 电气部件维修准备	3-1-1 能读懂数控机床电气原理图、电气布置图、电气接线图等	（1）识读电气原理图 （2）识读电气布置图 （3）识读电气接线图
		3-1-2 能读懂数控机床的操作说明书及维修操作手册	（1）识读数控机床操作说明书 （2）识读数控机床维修操作手册
		3-1-3 能考察故障设备维修现场，进行必要的维修前工具、仪器和仪表的准备	（1）选择及使用电气部件维修工具 （2）选择及使用电气部件维修仪器和仪表
		3-1-4 能读懂相关维修设备的安全作业规程	识读相关维修设备安全作业规程

续表

职业功能模块	培训内容	技能目标	培训细目
3. 数控机床电气部件维修	3-2　电气部件维修	3-2-1　能对以下部件进行线路拆卸和再装配 （1）电气柜配电板 （2）机床操纵台 （3）电气柜与机床各部分的连接	（1）电气柜配电板的拆卸和再装配 （2）机床操纵台的拆卸和再装配 （3）电气柜与机床各部分连接的拆卸和再装配
		3-2-2　能对电气维修中配线质量进行检查，能解决配线中出现的问题	（1）识读电气配线工艺规范 （2）检查电气维修中配线质量 （3）解决配线中出现的一般问题
		3-2-3　能对数控机床系统面板、操作面板进行操作	（1）操作数控机床系统面板 （2）操作数控机床操作面板
		3-2-4　能使用数控机床诊断功能或可编程逻辑控制器梯形图（语句表）等分析故障	（1）利用数控机床诊断功能进行故障分析 （2）利用梯形图进行故障分析
		3-2-5　能排除数控机床调试中常见的电气故障	排除数控机床调试中的常见电气故障
	3-3　电气部件维修检查	3-3-1　能对维修后的数控机床进行功能检查	检查维修后的数控机床功能
		3-3-2　能填写维修记录单	填写维修记录单

2.1.3　三级 / 高级职业技能培训要求

（1）机械方向

职业功能模块	培训内容	技能目标	培训细目
1. 数控机床机械总装	1-1　机械总装准备	1-1-1　能读懂数控机床部件装配图和总装配图	（1）识读数控机床部件装配图 （2）识读数控机床总装配图
		1-1-2　能绘制连接件装配图	（1）绘制螺栓连接装配图 （2）绘制齿轮和轴连接装配图

续表

职业功能模块	培训内容	技能目标	培训细目
1. 数控机床机械总装	1–1 机械总装准备	1–1–3 能根据整机装配要求准备工具、量具、检具、工装等	（1）使用机械装配常用的工具和工装 （2）使用机械装配常用的量具和仪器
	1–2 机械总装	1–2–1 能刮削平板，并达到以下要求：在 25 mm × 25 mm 范围内接触点数不少于 20 点，表面粗糙度 *Ra*0.4 μm	（1）刮刀的使用及修磨 （2）按要求刮削平板
		1–2–2 能按照工艺规范要求完成一种型号以上数控机床机械功能部件与床身的总装配	（1）装配三轴立式加工中心机械功能部件 （2）三轴立式加工中心床身的总装配
		1–2–3 能在数控机床总装过程中进行几何精度的检测，并进行一般误差分析和调整（如垂直度、平行度、同轴度等）	（1）在数控机床总装过程中进行检测并调整相关项的垂直度 （2）在数控机床总装过程中进行检测并调整相关项的平行度 （3）在数控机床总装过程中进行检测并调整相关项的同轴度
	1–3 机械总装检查	能按国家数控机床精度检验标准对机床整机进行几何精度检测，并填写机床检测报告单	（1）识读相关国家标准 （2）检测机床几何精度 （3）填写机床检测报告单
2. 数控机床整机调整与验收	2–1 整机调整准备	2–1–1 能读懂数控机床电气原理图和电气接线图	（1）识读数控机床电气原理图 （2）识读数控机床电气接线图
		2–1–2 能进行两种型号以上数控系统的操作	（1）操作 FANUC 0i–D 数控系统 （2）操作 SINUMERIK 828D 数控系统 （3）操作华中 HNC–808T 数控系统
		2–1–3 能进行两种型号以上数控系统的加工编程	（1）FANUC 0i–D 数控系统加工编程 （2）SINUMERIK 828D 数控系统加工编程 （3）华中 HNC–808T 数控系统加工编程

续表

职业功能模块	培训内容	技能目标	培训细目
2. 数控机床整机调整与验收	2–2　整机调整	2–2–1　能进行数控机床总装几何精度、定位精度的检测和调整	（1）检测和调整数控机床总装几何精度 （2）检测和调整数控机床总装定位精度
		2–2–2　能通过修改切削工艺参数调整数控机床性能	修改切削工艺参数
		2–2–3　能完成试切工件的加工	（1）刀具和工件装夹 （2）加工试切工件
		2–2–4　能使用通用量具对所加工工件进行检测，分析误差原因并进行机床调整	（1）使用通用量具 （2）分析误差原因并进行机床调整
		2–2–5　能读懂三坐标测量报告和激光检测报告，并进行一般误差分析和调整（如垂直度、平行度、同轴度、位置度等）	（1）读懂三坐标测量报告，并进行一般误差分析和调整 （2）读懂激光检测报告，并进行一般误差分析和调整
		2–2–6　能用计算机辅助设计与制造软件进行仿真加工并生成加工程序	使用 CAXA2013 软件进行仿真加工
	2–3　整机验收	能按照国家数控机床精度检验标准对机床整机进行精度检测，并填写机床检验报告单	（1）解读国家数控机床精度检验标准 （2）检测数控机床整机精度 （3）填写机床检验报告单
3. 数控机床机械维修	3–1　机械维修准备	3–1–1　能读懂数控机床部件装配图和总装配图	（1）识读数控机床部件装配图 （2）识读数控机床总装配图
		3–1–2　能读懂数控机床电气原理图和电气接线图	（1）识读数控机床电气原理图 （2）识读数控机床电气接线图
		3–1–3　能读懂数控机床液压与气动原理图	（1）识读数控机床液压原理图 （2）识读数控机床气动原理图

续表

<table>
<tr><th>职业功能模块</th><th>培训内容</th><th>技能目标</th><th>培训细目</th></tr>
<tr><td rowspan="6">3. 数控机床机械维修</td><td rowspan="4">3-2　机械维修</td><td>3-2-1　能拆卸、组装整台数控机床（如数控车床主轴箱与床身的拆装、床鞍与床身的拆装、加工中心主轴箱与立柱的拆装、工作台与床身的拆装等）</td><td>（1）拆装数控车床主轴箱与床身
（2）拆装数控车床床鞍与床身
（3）拆装加工中心主轴箱与立柱
（4）拆装加工中心工作台与床身</td></tr>
<tr><td>3-2-2　能通过数控机床诊断功能判断常见机械、电气、液压和气动控制故障</td><td>（1）使用数控机床诊断功能模块
（2）判断常见机械故障
（3）判断常见电气故障
（4）判断常见液压和气动控制故障</td></tr>
<tr><td>3-2-3　能排除数控机床的机械故障</td><td>排除数控机床机械故障</td></tr>
<tr><td>3-2-4　能排除数控机床的强电故障</td><td>排除强电短路、断路和过载故障</td></tr>
<tr><td>3-3　机械维修检查</td><td>能按照国家数控机床精度检验标准对机床整机进行精度检测，并填写机床维修验收单</td><td>（1）识读技术文件
（2）检测数控机床精度及功能
（3）填写机床维修验收单</td></tr>
</table>

（2）电气方向

<table>
<tr><th>职业功能模块</th><th>培训内容</th><th>技能目标</th><th>培训细目</th></tr>
<tr><td rowspan="4">1. 数控机床整机电气装配</td><td rowspan="4">1-1　整机电气装配准备</td><td>1-1-1　能读懂数控机床电气总装配图</td><td>识读数控机床电气总装配图</td></tr>
<tr><td>1-1-2　能读懂数控机床液压与气动原理图</td><td>（1）识读数控机床液压原理图
（2）识读数控机床气动原理图</td></tr>
<tr><td>1-1-3　能读懂与电气相关的机械图</td><td>（1）识读回转刀架机械图
（2）识读更换主轴头的换刀系统机械图
（3）识读带刀库的自动换刀系统机械图</td></tr>
<tr><td>1-1-4　能进行数控机床整机电气装配前的工具、仪器、仪表及相关技术文件的准备</td><td>（1）选择电气装配所需的工具、仪器和仪表
（2）识读相关技术文件</td></tr>
</table>

续表

职业功能模块	培训内容	技能目标	培训细目
1. 数控机床整机电气装配	1-2 整机电气装配	1-2-1 能按照电气装配技术文件要求进行数控机床的配电板、变压器、数控装置、电源等部件的安装	（1）辨识配电板、变压器、数控装置、电源等部件 （2）安装配电板、变压器、数控装置和电源等部件
		1-2-2 能按照电气原理图要求进行数控机床的数控装置、配电板、变频器、刀库、机械手、液压、润滑、排屑系统等各部分之间电缆的连接	连接数控机床各部件之间的电缆
		1-2-3 能按照相关技术文件要求进行屏蔽线、接地线等的连接	连接屏蔽线和接地线
	1-3 整机电气装配检查	1-3-1 能完成通电前短路检测和接地电阻值检测	短路检测及接地电阻值检测
		1-3-2 能按照技术文件规定检测相关检测点的电阻值	相关检测点的电阻值检测
2. 数控机床整机电气调试	2-1 整机电气调试准备	2-1-1 能读懂数控机床安装调试手册	识读数控机床安装调试手册
		2-1-2 能进行数控机床整机电气调试前的工具、仪器、仪表及相关技术文件的准备	（1）选择电气调试所需的工具、仪器和仪表 （2）选择相关技术文件
	2-2 整机电气调试	2-2-1 能在数控机床通电试车时，通过通信口将机床参数与可编程逻辑控制器程序传入数控机床控制器中	（1）数控系统通信 （2）数控系统数据备份及恢复
		2-2-2 能使用数控系统参数、可编程逻辑控制器参数、变频器参数等对数控机床进行调整	（1）调整数控机床参数 （2）调整变频器参数
		2-2-3 能利用数控机床诊断功能进行机床功能的调试	（1）应用数控机床诊断功能 （2）根据数控机床诊断功能调试机床

续表

职业功能模块	培训内容	技能目标	培训细目
2. 数控机床整机电气调试	2-2　整机电气调试	2-2-4　能应用数控系统编制试件加工程序	（1）识读编程代码 （2）手动编制试件加工程序
		2-2-5　能进行数控机床试车（如空运转）	数控机床试车
		2-2-6　能试车加工工件	（1）刀具和工件装夹 （2）完成试车并加工工件
	2-3　整机电气调试检查	2-3-1　能按照调试手册要求检查数控机床的各种控制功能（如限位、主轴速度、进给速度、换刀、参考点等）	（1）检查各轴限位 （2）检查主轴方向和转速 （3）检查各轴进给方向和倍率 （4）检查刀库及自动换刀功能 （5）检查各轴返回参考点
		2-3-2　能填写整机电气调试记录单	填写整机电气调试记录单
3. 数控机床电气维修	3-1　电气维修准备	3-1-1　能读懂数控机床电气布置图、电气原理图、电气接线图等	（1）识读数控机床电气布置图 （2）识读数控机床电气原理图 （3）识读数控机床电气接线图
		3-1-2　能读懂数控机床电气总装配图	识读数控机床电气总装配图
		3-1-3　能读懂数控机床液压与气动原理图	（1）识读数控机床液压原理图 （2）识读数控机床气动原理图
		3-1-4　能读懂与电气相关的机械图	识读数控刀架、刀库、机械手等机械图
	3-2　电气维修	3-2-1　能通过仪器、仪表检查故障点	使用万用表结合电气原理图检查故障点

续表

职业功能模块	培训内容	技能目标	培训细目
3. 数控机床电气维修	3-2　电气维修	3-2-2　能通过数控系统诊断功能、可编程逻辑控制器梯形图（语句表）等诊断数控机床常见电气、机械、液压和气动控制故障	（1）使用数控系统诊断功能结合维修说明书和诊断手册诊断故障 （2）通过可编程逻辑控制器梯形图在线诊断功能诊断故障
		3-2-3　能完成两种型号以上数控机床常见强、弱电气故障的维修	维修数控机床常见强、弱电气故障
	3-3　电气维修检查	能检查数控机床故障修复情况，填写机床维修验收单	（1）检查数控机床故障修复情况 （2）填写机床维修验收单

2.1.4　二级 / 技师职业技能培训要求

（1）机械方向

职业功能模块	培训内容	技能目标	培训细目
1. 数控机床机械装配与调整	1-1　机械装配与调整前准备	1-1-1　能提出装配需要的专用夹具、胎具的设计方案，并能绘制草图	（1）设计与制造一般夹具、胎具 （2）绘制机械草图
		1-1-2　能读懂数控机床电气原理图、液压（气动）系统原理图和电气接线图	（1）识读复杂数控机床电气原理图 （2）识读复杂数控机床电气接线图 （3）识读复杂数控机床液压（气动）系统原理图
		1-1-3　能借助词典或翻译软件看懂进口数控机床产品简要说明书	识读进口数控机床产品简要机械说明书
		1-1-4　能编制数控机床机械装配与调整工艺规程	（1）编制数控机床机械装配工艺规程 （2）编制数控机床机械调整工艺规程

续表

职业功能模块	培训内容	技能目标	培训细目
1. 数控机床机械装配与调整	1-2　机械装配与调整	1-2-1　能完成数控机床的机械总装、试车和机械部分的调整	（1）复杂数控机床的机械总装 （2）复杂数控机床的机械调整
		1-2-2　能完成多种型号数控系统加工编程	（1）FANUC 31i-D 数控系统加工编程 （2）SINUMERIK 840Dsl 数控系统加工编程 （3）华中 HNC-808e 数控系统加工编程
		1-2-3　能完成试制新产品的机械装配与调试	试制新产品的机械装配与调试
		1-2-4　能读懂数控机床可编程逻辑控制器程序（如梯形图和语句表），能诊断故障产生的原因并排除故障	（1）识读发那科 PMC（可编程机床控制器）梯形图 （2）识读西门子 PLC 梯形图及语句表 （3）可编程逻辑控制器程序诊断与排除故障
		1-2-5　能判断机械装配关系的合理性，并能对装配关系中不合理的结构提出修改方案并实施	改进机械装配关系
		1-2-6　能编制数控机床日常维护保养制度	编制数控机床日常维护保养制度
	1-3　机械装配与调整检查	1-3-1　能按国家数控机床检测标准，利用激光干涉仪、球杆仪、检具等对数控机床进行精度检测，并出具相关检测报告	（1）使用激光干涉仪检测数控机床精度，并出具相关检测报告 （2）使用球杆仪检测数控机床精度，并出具相关检测报告 （3）使用特殊检具检测数控机床精度，并出具相关检测报告

续表

职业功能模块	培训内容	技能目标	培训细目
1. 数控机床机械装配与调整	1–3 机械装配与调整检查	1–3–2 能对三坐标测量报告和激光干涉仪、球杆仪的检测报告进行误差分析，并对数控机床的几何精度、工作精度和定位精度进行调整	（1）三坐标测量报告误差分析 （2）激光干涉仪检测报告误差分析 （3）球杆仪检测报告误差分析 （4）调整数控机床几何精度 （5）调整数控机床定位精度 （6）改善数控机床工作精度
2. 数控机床机械维修	2–1 机械维修准备	能根据数控机床机械维修要求准备工具、量具、工装、检具等	准备数控机床机械维修专用工具、量具、工装和检具
	2–2 机械维修	2–2–1 能排除数控机床的液压和气动故障	（1）排除复杂数控机床液压系统故障 （2）排除复杂数控机床气动系统故障
		2–2–2 能进行数控机床（如数控车床、数控铣床、立式加工中心等）的大修	（1）编制数控机床大修技术方案 （2）实施数控机床大修技术方案
		2–2–3 能进行高速、精密、大型数控机床的维护保养	（1）编制高速、精密、大型数控机床维护保养标准 （2）实施高速、精密、大型数控机床维护保养工作
		2–2–4 能进行高速、精密、大型数控机床易损件的更换与维修	更换与维修高速、精密、大型数控机床易损件
		2–2–5 能排除数控机床常见电气线路故障	排除复杂数控机床电气线路常见故障
	2–3 机械维修检查	能根据国家数控机床检验标准对机床整机进行精度检测，并填写机床维修验收单	（1）检测复杂数控机床整机精度 （2）填写复杂数控机床维修验收单

续表

职业功能模块	培训内容	技能目标	培训细目
3. 数控机床机械技术改造	3–1　机械技术改造准备	能进行数控机床机械技术改造前工具、量具和仪表的准备	准备数控机床机械改造常用的工具、量具、工装和检具
	3–2　机械技术改造	3–2–1　能对数控机床机械结构工艺性的不合理之处提出改进意见	数控机床机械结构工艺改进
		3–2–2　能对损坏的零部件进行测绘	机械零部件测绘
		3–2–3　能进行电主轴的安装与调试	（1）电主轴的机械安装 （2）电主轴的机械调试与检测
		3–2–4　能用力矩电动机改造蜗轮、蜗杆传动机构	改造蜗轮、蜗杆传动机构
	3–3　机械技术改造验收	能按照技术改造的技术文件设定标准进行精度检验和功能验收，并出具相关验收报告	（1）编制数控机床机械改造技术要求 （2）编制数控机床机械技术改造验收报告
4. 培训与指导	4–1　指导操作	能指导本职业三级 / 高级及以下级别人员的实际操作	（1）指导数控机床装调的操作 （2）指导数控机床常见故障维修的操作
	4–2　理论培训	4–2–1　能编写培训大纲	编写培训大纲
		4–2–2　能讲授本专业技术理论知识	讲授专业技术理论知识
5. 质量与生产管理	5–1　质量管理	5–1–1　能在本职工作中贯彻各项质量标准	数控机床装调维修质量标准宣贯
		5–1–2　能应用质量管理知识实施操作过程的质量分析与控制	分析与控制数控机床装调维修操作质量问题
	5–2　生产管理	能组织有关人员协同工作	人员协同工作管理

（2）电气方向

职业功能模块	培训内容	技能目标	培训细目
1. 数控机床电气装配与调整	1-1　电气装配与调整前准备	1-1-1　能读懂数控机床机械总装图、部件装配图、液压（气动）系统原理图	（1）识读复杂数控机床机械总装图 （2）识读复杂数控机床部件装配图 （3）识读复杂数控机床液压（气动）系统原理图
		1-1-2　能绘制简单的机械零件图	绘制简单机械零件图
		1-1-3　能借助词典或翻译软件看懂进口数控机床产品简要说明书	识读进口数控机床产品简要电气说明书
		1-1-4　能根据产品技术要求编制电气装配工艺规程	编制电气装配工艺规程
	1-2　电气装配与调整	1-2-1　能通过阅读使用说明书对数控系统进行加工编程	（1）操作进口数控系统 （2）进口数控系统加工编程
		1-2-2　能使用计算机辅助设计与制造软件	使用 Mastercam9.1 软件
		1-2-3　能对数控系统直线轴或旋转轴进行补偿	（1）数控系统直线轴的误差补偿 （2）数控系统旋转轴的误差补偿
		1-2-4　能利用伺服优化软件对各进给轴进行参数优化和调整	（1）应用伺服优化软件 （2）进给轴参数优化与伺服调整
		1-2-5　能应用、推广装调新技术和新工艺	（1）多轴数控机床电气装配与调整技术 （2）机械臂协作装配技术
		1-2-6　能完成新产品的装配和调试	新产品的电气装配与调试
		1-2-7　能分析重大质量问题的产生原因，并提出解决措施	（1）编写数控机床常见重大质量问题分析报告 （2）编制数控机床重大质量问题解决方案

续表

职业功能模块	培训内容	技能目标	培训细目
1. 数控机床电气装配与调整	1-3　电气装配与调整检查	1-3-1　能按照数控机床操作说明书要求检验数控机床各项功能	检验数控机床系统功能
		1-3-2　能按照相关技术文件要求编制数控机床试机程序并运行，检验机床相关技术指标、可靠性等	（1）编制数控机床试机程序 （2）运行试机程序，并检验机床相关技术指标及可靠性
		1-3-3　能填写电气装配与调整记录单	填写复杂数控机床电气装配与调整记录单
2. 数控机床电气维修	2-1　电气维修前准备	能进行数控机床电气维修前工具、仪器、仪表及相关技术文件的准备	（1）选择复杂数控机床电气维修常用的工具、仪器和仪表 （2）识读数控机床电气常用技术文件
	2-2　电气维修	2-2-1　能排除高速、精密、大型数控机床的各种电气、液压（气动）控制系统故障	（1）诊断与排除高速、精密、大型数控机床电气控制系统故障 （2）诊断与排除高速、精密、大型数控机床液压（气动）控制系统故障
		2-2-2　能排除数控机床常见机械故障	排除数控机床常见机械故障
	2-3　电气维修检查	能检查数控机床故障修复情况，并填写机床维修验收单	（1）检查数控机床电气故障的修复情况 （2）填写机床维修验收单
3. 数控机床电气技术改造	3-1　电气技术改造前准备	能进行数控机床电气技术改造前工具、量具和仪表的准备	准备数控机床电气改造常用的工具、量具和仪表
	3-2　电气技术改造	3-2-1　能对数控机床电气方面的不合理之处提出修改方案并实施	（1）编制数控机床电气控制改造方案 （2）实施数控机床电气系统方案
		3-2-2　能进行数控系统联网及数据采集系统的改造	数控系统联网及数据采集系统改造
		3-2-3　能对力矩电动机的电气控制线路进行连接与调试	（1）连接力矩电动机的电气控制线路 （2）调试力矩电动机的电气控制线路
		3-2-4　能进行电主轴的连接与调试	电主轴的电气连接与调试
		3-2-5　能进行简单的电气控制线路设计	设计简单的电气控制线路

续表

职业功能模块	培训内容	技能目标	培训细目
3. 数控机床电气技术改造	3-3　电气技术改造验收	能按照技术文件进行功能验收，并出具验收报告	（1）解读数控机床电气改造技术要求 （2）数控机床电气技术改造验收
4. 培训与指导	4-1　指导操作	能指导本职业三级 / 高级及以下级别人员的实际操作	（1）数控机床装调的操作指导 （2）数控机床常见故障维修的操作指导
	4-2　理论培训	4-2-1　能编写培训大纲	编写培训大纲
		4-2-2　能讲授本专业技术理论知识	讲授专业技术理论知识
5. 质量与生产管理	5-1　质量管理	5-1-1　能在本职工作中贯彻各项质量标准	数控机床装调维修质量标准宣贯
		5-1-2　能应用质量管理知识实施操作过程的质量分析与控制	分析与控制数控机床装调维修操作质量问题
	5-2　生产管理	能组织有关人员协同工作	人员协同工作管理

2.1.5　一级 / 高级技师职业技能培训要求

（1）机械方向

职业功能模块	培训内容	技能目标	培训细目
1. 数控机床机械装配与调试	1-1　机械装配与调试准备	1-1-1　能读懂复杂数控机床的机械、电气、液压（气动）系统原理图、电气接线图	（1）识读第三角投影法 （2）识读外国螺纹标记
		1-1-2　能借助词典或翻译软件看懂进口数控机床使用说明书	识读进口数控机床使用说明书
		1-1-3　能准备高速、精密、大型数控机床装配与调试的工具、量具、夹具、胎具等	（1）准备高速、精密、大型数控机床装配与调试的专用工具、夹具和胎具 （2）准备高速、精密、大型数控机床装配与调试的量具
		1-1-4　能准备高速电主轴装配与调试的工装、动平衡仪等设备	（1）高速电主轴装配工艺 （2）使用动平衡仪 （3）使用振动分析仪

续表

职业功能模块	培训内容	技能目标	培训细目
1. 数控机床机械装配与调试	1-2 机械装配与调试	1-2-1 能进行数控机床操作和编程	（1）操作进口、复杂的数控机床 （2）复杂零件加工编程
		1-2-2 能组织解决高速、精密、大型数控设备装配中出现的疑难问题	组织解决高速、精密、大型数控设备装配中出现的疑难问题
		1-2-3 能组织解决新产品装配和调整中出现的重大疑难问题	（1）分析新产品加工精度异常情况 （2）分析新产品加工振动问题 （3）分析新产品加工变形问题
		1-2-4 能配对、成组装配高速、高精密陶瓷轴承，检测轴承游隙，能配置隔套	（1）组装高速、高精密陶瓷轴承 （2）检测精密轴承游隙 （3）配置精密轴承隔套
		1-2-5 能按照工艺规范要求冷装、热装高速、高精度电主轴轴承	（1）高速、高精度电主轴轴承冷装 （2）高速、高精度电主轴轴承热装
		1-2-6 能使用动平衡仪装配、调试高速、高精度电主轴	（1）解读动平衡仪检测结果 （2）使用动平衡仪装配与调整高速、高精度电主轴
	1-3 机械装配与调试检查	1-3-1 能按照国家数控机床检验标准，利用激光干涉仪、球杆仪等现代数字化检测设备对数控机床进行精度检测，并出具相关检测报告	（1）使用激光干涉仪、球杆仪等现代数字化检测设备 （2）用现代数字化检测设备进行数控机床精度检测 （3）编写机床精度检测报告
		1-3-2 能对三坐标测量报告、激光干涉仪检测报告进行误差分析并编制调整方案，进行数控机床的几何精度、工作精度和定位精度调整	（1）分析产生数控机床精度误差的原因，并编制调整方案 （2）调整数控机床的几何精度、工作精度和定位精度

续表

职业功能模块	培训内容	技能目标	培训细目
2. 数控机床机械维修	2-1 机械维修准备	能根据数控机床机械维修要求准备通用和精密电子工具、检具等	选用数控机床机械维修通用和精密电子工具和检具
	2-2 机械维修	2-2-1 能诊断并排除复杂、大型数控机床机械、液压（气动）系统等的疑难故障	复杂、大型数控机床机械、液压（气动）系统等疑难故障的诊断与排除
		2-2-2 能确定常见电气故障范围，并加以排除	排除机械维修中常见的电气故障
	2-3 机械维修检查	能按照国家数控机床精度检验标准对数控机床整机进行精度检验，并填写数控机床维修验收单	（1）检测复杂、大型数控机床精度 （2）填写复杂、大型数控机床维修验收单 （3）编写数控机床精度提升方案
3. 新技术应用	新技术应用	3-1-1 能应用并推广新工艺、新技术、新材料和新设备	应用与推广新工艺、新技术、新材料和新设备
		3-1-2 能对数控机床进行项目改造	（1）设计复杂机械结构 （2）编写复杂机械结构改造技术文件
		3-1-3 能应用一种计算机辅助设计与制造软件编制加工程序	使用 UGNX12.0 软件进行仿真加工
		3-1-4 能根据零件特点设计机械手夹具	设计专用柔性、复杂夹具
4. 培训与指导	4-1 指导操作	能指导二级 / 技师及以下级别人员的实际操作	（1）数控机床装调的操作指导 （2）数控机床故障维修与改造的操作指导
	4-2 理论培训	4-2-1 能对二级 / 技师及以下级别人员进行专业理论培训	讲授专业技术理论知识
		4-2-2 能编写培训讲义	编写培训讲义
5. 质量与生产管理	5-1 质量管理	5-1-1 能组织进行质量攻关	质量攻关的组织
		5-1-2 能提出产品质量评审方案	编写产品质量评审方案
	5-2 生产管理	能根据生产计划提出调度及人员管理方案	（1）编制设备部分大修改造计划 （2）编制维修调度方案 （3）编制维修人员管理方案

（2）电气方向

职业功能模块	培训内容	技能目标	培训细目
1. 数控机床电气装配与调试	1–1 电气装配与调试准备	1–1–1 能读懂复杂数控机床的机械、电气、液压（气动）系统原理图和电气接线图	（1）识读复杂数控机床机械总装图 （2）识读复杂数控机床部件装配图 （3）识读复杂数控机床液压（气动）系统原理图
		1–1–2 能借助词典或翻译软件看懂进口数控机床使用说明书	识读进口数控机床使用说明书
		1–1–3 能准备高速、精密、大型数控机床电气装配与调试的工具、仪器、仪表等	准备特殊、专用的调试工具、仪器和仪表
	1–2 电气装配与调试	1–2–1 能进行数控机床操作编程	（1）操作进口、复杂数控系统 （2）编制复杂零件的加工程序
		1–2–2 能组织解决在装配高速、精密、大型数控机床中出现的电气疑难问题	（1）使用调试、检测等方面的先进软件 （2）解决疑难电气故障
		1–2–3 能对电气故障进行检测，并能判断故障点到基础单元	（1）检测复杂电气故障 （2）判断机、电、液相关故障点到基础单元
		1–2–4 能解决新产品试制、装配和调试中出现的各种疑难问题	解决新产品试制、装配和调试中出现的各种疑难问题
	1–3 电气装配与调试检查	1–3–1 能按照数控机床操作说明书要求检验数控机床各项功能	（1）操作五轴及五轴以上数控机床 （2）检验各系统功能
		1–3–2 能填写电气装配与调整记录单	填写电气装配与调整记录单
2. 数控机床电气维修	2–1 电气维修准备	能进行数控机床电气维修工具、量具、仪表和技术资料的准备	（1）选择特殊电气维修工具、量具和仪表 （2）准备技术资料
	2–2 电气维修	2–2–1 能诊断并排除进口、复杂、大型数控机床的疑难电气故障	（1）诊断与排除进口、复杂、大型数控机床疑难电气故障 （2）安全集成
		2–2–2 能解决数控机床维修中与电气故障相关的机械故障	处理与电气故障相关的机械故障
		2–2–3 能通过远程诊断解决疑难问题	应用远程诊断技术

续表

职业功能模块	培训内容	技能目标	培训细目
2. 数控机床电气维修	2-3　电气维修检查	能检查数控机床电气故障修复情况，填写机床维修验收单	（1）检查复杂电气故障修复情况 （2）填写数控机床复杂电气故障维修验收单
3. 新技术应用	新技术应用	3-1-1　能应用并推广新工艺、新技术、新材料和新设备	应用与推广新工艺、新技术、新材料、新设备
		3-1-2　能进行数控机床数据采集与分析	采集及分析数控机床数据
		3-1-3　能对进口数控机床进行项目改造	（1）编制进口数控机床电气控制升级改造方案 （2）实施进口数控机床电气控制升级改造
		3-1-4　能应用射频识别（RFID）技术进行零件制造过程管理	应用射频识别（RFID）技术
4. 培训与指导	4-1　指导操作	能指导二级 / 技师及以下级别人员的实际操作	（1）数控机床装调的操作指导 （2）数控机床故障维修与改造的操作指导
	4-2　理论培训	4-2-1　能对二级 / 技师及以下级别人员进行专业理论培训	讲授专业技术理论知识
		4-2-2　能编写培训讲义	编写培训讲义
5. 质量与生产管理	5-1　质量管理	5-1-1　能组织进行质量攻关	质量攻关的组织
		5-1-2　能提出产品质量评审方案	编写产品质量评审方案
	5-2　生产管理	能根据生产计划提出调度及人员管理方案	（1）编制设备部分大修改造计划 （2）编制维修调度方案 （3）编制维修人员管理方案

2.2 课程规范

2.2.1 职业基本素质培训课程规范

模块	课程	学习单元	课程内容	培训建议	课堂学时
1. 职业道德	1–1 职业认知	职业认知	1）数控机床装调维修的概念	（1）方法：讲授法 （2）重点与难点：数控机床装调维修工的工作内容	1
			2）数控机床装调维修工的工作内容		
	1–2 职业道德与职业守则	职业道德与职业守则	1）职业道德的内涵、基本要素和特征	（1）方法：讲授法、讨论法 （2）重点与难点：数控机床装调维修工的职业守则	1
			2）职业道德基本规范		
			3）数控机床装调维修工的职业守则		
2. 基础知识	2–1 基础理论知识	（1）机械识图知识	1）三视图的识读 ①剖视图与剖面图的识读 ②尺寸及标注	（1）方法：讲授法 （2）重点：三视图的识读 （3）难点：零件图与装配图	16
			2）零件图的识读		
			3）装配图的识读		
		（2）电气识图知识	1）电气图基本概念 ①电气图的分类 ②常见电气元件图形符号与文字符号	（1）方法：讲授法 （2）重点：电气图基本概念及数控机床电气接线图的识读 （3）难点：数控机床电气接线图的识读	16
			2）数控机床电气原理图的识读 ①电气原理图的页面结构（位置代号和功能代号） ②主回路电气原理图的识读方法 ③控制回路电气原理图的识读方法		
			3）数控机床电气接线图的识读 ①电气接线图的页面结构 ②电气接线图的识读方法		

续表

<table>
<tr><th>模块</th><th>课程</th><th>学习单元</th><th>课程内容</th><th>培训建议</th><th>课堂学时</th></tr>
<tr><td rowspan="15">2. 基础知识</td><td rowspan="15">2-1 基础理论知识</td><td rowspan="2">（3）公差配合与几何公差</td><td>1）公差配合
①公差带
②公差标准
③标注及查表方法</td><td rowspan="2">（1）方法：讲授法
（2）重点与难点：公差配合与几何公差</td><td rowspan="2">4</td></tr>
<tr><td>2）几何公差
①项目符号
②识读及测量方法</td></tr>
<tr><td rowspan="4">（4）金属材料及热处理基础知识</td><td>1）金属材料性能</td><td rowspan="4">（1）方法：讲授法
（2）重点与难点：热处理及铁碳合金</td><td rowspan="4">2</td></tr>
<tr><td>2）钢的热处理</td></tr>
<tr><td>3）铁碳合金相图</td></tr>
<tr><td>4）有色金属知识</td></tr>
<tr><td rowspan="3">（5）数控机床电气基础知识</td><td>1）常用数控机床电气元件知识</td><td rowspan="3">（1）方法：讲授法
（2）重点与难点：数控机床电气主回路与控制回路知识</td><td rowspan="3">8</td></tr>
<tr><td>2）数控机床电气主回路知识</td></tr>
<tr><td>3）数控机床电气控制回路知识</td></tr>
<tr><td rowspan="2">（6）金属切削刀具基础知识</td><td>1）金属切削原理
①主运动
②进给运动
③切削用量三要素</td><td rowspan="2">（1）方法：讲授法
（2）重点与难点：金属切削刀具基础知识</td><td rowspan="2">4</td></tr>
<tr><td>2）金属切削刀具分类及选用
①刀具角度
②刀具材料</td></tr>
<tr><td rowspan="4">（7）液压与气动基础知识</td><td>1）液压传动基本原理</td><td rowspan="4">（1）方法：讲授法
（2）重点与难点：液压与气动基础知识</td><td rowspan="4">6</td></tr>
<tr><td>2）液压元件结构原理及用法</td></tr>
<tr><td>3）液压基本回路知识</td></tr>
<tr><td>4）气动基础知识</td></tr>
<tr><td></td><td></td><td rowspan="2">（8）测量与误差分析基础知识</td><td>1）数控机床精度测量
①几何精度测量
②数控精度测量
③工作精度测量</td><td rowspan="2">（1）方法：讲授法
（2）重点：数控机床精度测量
（3）难点：数控机床精度误差分析</td><td rowspan="2">4</td></tr>
<tr><td></td><td></td><td>2）数控机床精度误差分析</td></tr>
</table>

续表

模块	课程	学习单元	课程内容	培训建议	课堂学时
2. 基础知识	2-1 基础理论知识	(9) 计算机基础知识	1) 计算机工作原理及硬件组成	(1) 方法：讲授法 (2) 重点与难点：数控机床装调维修相关软件介绍	2
			2) 计算机与数控机床的关联		
			3) 数控机床装调维修相关软件介绍		
		(10) 专业外语	1) 专业英语词汇	(1) 方法：讲授法 (2) 重点与难点：专业英语词汇	1
			2) 简单的专业德语词汇		
	2-2 机械装调基础知识	(1) 钳工操作基础知识	1) 钳工常用工量具	(1) 方法：讲授法 (2) 重点：钳工常用工量具 (3) 难点：钳工操作技能	2
			2) 钳工常用设备		
			3) 钳工操作技能 ①辅助性操作 ②切削性操作 ③装配性操作 ④维修性操作		
		(2) 数控机床机械结构基础知识	1) 数控机床基础支承件	(1) 方法：讲授法 (2) 重点与难点：数控机床机械结构基础知识	4
			2) 数控机床主传动系统		
			3) 数控机床进给传动系统		
			4) 数控机床辅助装置		
		(3) 数控机床机械装配工艺基础知识	1) 数控机床机械装配工艺流程	(1) 方法：讲授法 (2) 重点：数控机床机械装配工艺流程 (3) 难点：数控机床机械装配方法	2
			2) 数控机床机械装配尺寸链		
			3) 数控机床机械装配方法 ①互换装配法 ②选择装配法 ③修配装配法 ④调整装配法		
	2-3 电气装调基础知识	(1) 电工操作基础知识	1) GB 5226.1《机械电气安全 机械电气设备 第1部分：通用技术条件》相关知识	(1) 方法：讲授法 (2) 重点与难点：电工操作基础知识	3
			2) 电工操作基础知识 ①安全用电知识 ②电工常用工具 ③电工常用仪表 ④常见数控机床电气元件 ⑤电动机及其控制		

续表

模块	课程	学习单元	课程内容	培训建议	课堂学时
2. 基础知识	2-3 电气装调基础知识	（2）数控机床电气识图基础知识	1）数控机床电气图的识读 2）典型数控机床电气控制电路 ①正反转 ②星三角减压启动 ③往复运动	（1）方法：讲授法 （2）重点与难点：典型数控机床电气控制电路	4
		（3）数控机床电气装配基础知识	1）数控机床电气装配技术规范 ①电气柜（电气元件）布局及安装规范 ②导线布局及接线规范 ③电源电气连接 ④伺服系统电气连接 2）数控机床电气装配安全操作	（1）方法：讲授法 （2）重点与难点：数控机床电气装配技术规范	4
		（4）数控机床电气调试基础知识	1）数控机床电气调试基本流程 2）数控机床电气调试安全操作	（1）方法：讲授法 （2）重点与难点：数控机床电气调试基本流程	1
		（5）数控机床操作与编程基础知识	1）数控机床操作基础知识 2）数控机床编程基础知识	（1）方法：讲授法 （2）重点：数控机床操作 （3）重点与难点：数控机床编程	1
	2-4 维修基础知识	（1）数控机床精度检测与调整基础知识	1）数控机床精度检测 ① GB/T 16462.1《数控车床和车削中心检验条件 第1部分：卧式机床几何精度检验》相关知识 ② GB/T 18400.2《加工中心检验条件 第2部分：立式或带垂直主回转轴的万能主轴头机床几何精度检验（垂直 z 轴）》相关知识 2）数控机床精度调整	（1）方法：讲授法 （2）重点：数控机床精度检测 （3）难点：数控机床精度调整	1
		（2）数控机床故障诊断与维修基础知识	1）数控机床故障诊断基础知识 2）数控机床故障维修基础知识	（1）方法：讲授法 （2）重点：数控机床故障诊断 （3）重点与难点：数控机床故障维修	1

续表

模块	课程	学习单元	课程内容	培训建议	课堂学时
2. 基础知识	2-5　安全生产和文明生产、环境保护知识	（1）现场安全文明生产要求	现场安全文明生产要求	（1）方法：讲授法 （2）重点与难点：现场安全生产和文明生产要求	1
		（2）安全操作与劳动保护知识	1）安全操作	（1）方法：讲授法 （2）重点与难点：安全操作与劳动保护知识	1
			2）劳动保护		
		（3）环境保护知识	环境保护	（1）方法：讲授法 （2）重点与难点：环境保护	1
	2-6　质量管理知识	质量管理知识	1）企业质量目标	（1）方法：讲授法 （2）重点与难点：质量管理知识	1
			2）岗位质量要求		
			3）岗位质量保证措施与责任		
	2-7　相关法律、法规知识	相关法律、法规知识	1）《中华人民共和国劳动法》相关知识	（1）方法：讲授法 （2）重点与难点：相关法律、法规知识	1
			2）《中华人民共和国合同法》相关知识		
课堂学时合计					93

2.2.2　四级 / 中级职业技能培训课程规范

（1）机械方向

模块	课程	学习单元	课程内容	培训建议	课堂学时
1. 数控机床机械功能部件装配	1-1　机械功能部件装配准备	（1）零部件装配工艺卡的识读	1）零部件装配工艺的识读	（1）方法：讲授法 （2）重点与难点：功能部件装配工艺	1
			2）零部件装配标准的识读		
		（2）轴、套、盘类零件图的绘制	1）轴类零件的绘制	（1）方法：讲授法 （2）重点与难点：轴、套、盘类零件的一般画法	2
			2）套类零件的绘制		
			3）盘类零件的绘制		
		（3）按照装配要求选择工具、量具、工装等	1）机械装配常用工具和工装的使用方法	（1）方法：讲授法、演示法 （2）重点与难点：装配常用工具、工装的选择和使用方法	1
			2）机械装配常用量具和仪器的使用方法		

续表

模块	课程	学习单元	课程内容	培训建议	课堂学时
1. 数控机床机械功能部件装配	1–2　机械功能部件装配	（1）钻铰孔	1）钻孔参数及刀具选择	（1）方法：讲授法、实训（练习）法 （2）重点：台钻和磁力钻的使用方法 （3）难点：手工铰刀铰孔方法及技巧	2
			2）台钻和磁力钻的使用方法		
			3）手工铰刀铰孔方法及技巧		
		（2）螺纹加工	1）螺纹类型及丝锥型号选择	（1）方法：讲授法、演示法、实训（练习）法 （2）重点：钳工攻螺纹的方法 （3）难点：丝锥断裂后处理及补救方法	2
			2）攻螺纹方法及技巧		
			3）丝锥断裂后的处理及补救方法		
		（3）手工刃磨标准麻花钻	1）麻花钻结构参数介绍	（1）方法：讲授法、演示法、实训（练习）法 （2）重点与难点：麻花钻刃磨的技巧	2
			2）手工刃磨标准麻花钻的方法与技巧		
		（4）刮削平板	1）刮削原理及其运用	（1）方法：讲授法、演示法、实训（练习）法 （2）重点与难点：平板刮削技巧	2
			2）刮削工具（校准工具、刮削刀具及显示剂）选择		
			3）刮削方法及技巧		
		（5）有配合、密封要求的零部件装配	1）过盈配合装配方法	（1）方法：讲授法、演示法、实训（练习）法 （2）重点：密封件的型号确认及装配方法 （3）难点：过盈关系装配方法及选择（热装、冷装）	4
			2）密封件的型号确认及装配方法		
			3）密封装配检测方法		
			4）间隙配合检查方法		
		（6）有预紧力要求或有特殊要求的零部件装配	1）紧固件扭矩值知识	（1）方法：讲授法、演示法、实训（练习）法 （2）重点：紧固件扭矩值的确定 （3）难点：主轴轴承预紧力确认及装配调整方法	6
			2）主轴轴承预紧力确认及装配调整方法		
			3）扭矩扳手的使用方法		

续表

<table>
<tr><th>模块</th><th>课程</th><th>学习单元</th><th>课程内容</th><th>培训建议</th><th>课堂学时</th></tr>
<tr><td rowspan="9">1. 数控机床机械功能部件装配</td><td rowspan="4">1–2　机械功能部件装配</td><td rowspan="4">（7）功能部件装配</td><td>1）主轴箱装配</td><td rowspan="4">（1）方法：讲授法、演示法、观摩法、实训（练习）法
（2）重点：进给传动部件的结构及其装配工艺
（3）难点：主轴箱的结构及其装配工艺</td><td rowspan="4">24</td></tr>
<tr><td>2）进给传动装配
①十字滑台
②直线导轨
③滚珠丝杠
④联轴器</td></tr>
<tr><td>3）换刀装置结构、工作原理及装配</td></tr>
<tr><td>4）辅助设备装配
①液压系统
②气动系统
③润滑系统
④冷却系统
⑤排屑器
⑥防护罩</td></tr>
<tr><td rowspan="4">1–3　机械功能部件装配检查</td><td rowspan="3">（1）按照装配技术要求检查机械功能部件相关精度及功能</td><td>1）部件精度、功能及精度标准要求</td><td rowspan="3">（1）方法：讲授法、演示法、观摩法、实训（练习）法
（2）重点与难点：部件精度及功能的项目及检测方法</td><td rowspan="3">10</td></tr>
<tr><td>2）机械功能部件相关精度检测
①主轴
②十字滑台
③直线导轨
④联轴器</td></tr>
<tr><td>3）机械功能部件相关功能检查
①液压系统
②气动系统
③润滑系统
④冷却系统
⑤排屑器
⑥防护罩</td></tr>
<tr><td>（2）机械功能部件装配记录单的填写</td><td>装配记录单的填写方法及注意事项</td><td>（1）方法：讲授法
（2）重点与难点：装配记录单的填写方法及注意事项</td><td>1</td></tr>
</table>

续表

模块	课程	学习单元	课程内容	培训建议	课堂学时
2. 数控机床机械功能部件调整与整机调整	2-1 机械功能部件调整与整机调整准备	机械功能部件装配工艺卡及装配检查记录卡的识读	1）机械功能部件装配工艺 2）机械功能部件装配标准识读	（1）方法：讲授法 （2）重点与难点：装配工艺卡的识读	1
	2-2 机械功能部件调整与整机调整	（1）机械功能部件装配后的试车调整	1）功能部件空运转试验 2）数控机床空运转时噪声和振动的相关知识 3）液压系统的温升和噪声测试	（1）方法：讲授法、观摩法、案例教学法 （2）重点：功能部件空运转试验要求 （3）难点：数控机床空运转时噪声和振动的要求	4
		（2）进行一种型号数控系统的操作	1）数控机床系统面板操作 2）FANUC 0i-D 数控系统操作方法 3）SINUMERIK 828D 数控系统操作方法	（1）方法：讲授法、演示法、实训（练习）法 （2）重点与难点：FANUC 0i-D 及 SINUMERIK 828D 系统操作方法	4
		（3）应用一种型号数控系统进行加工编程	1）数控机床基本功能 2）数控机床编程及常用代码（G、M、S、F） 3）FANUC 0i-D 数控系统编程方法 4）SINUMERIK 828D 数控系统编程方法	（1）方法：讲授法、案例教学法、实训（练习）法 （2）重点：数控机床编程及常用代码 （3）难点：数控机床简单零件编程	8
	2-3 机械功能部件调整与整机调整检查	（1）按照技术文件要求对数控机床进行水平检测与调整	1）数控机床水平精度标准 2）数控机床水平检测 3）数控机床水平调整	（1）方法：讲授法、演示法、实训（练习）法 （2）重点与难点：数控机床水平调整	6
		（2）按照技术文件要求对数控机床的功能部件进行几何精度、定位精度等检测	1）与功能部件几何精度、定位精度有关的国家标准 2）功能部件几何精度检测 3）功能部件定位精度检测	（1）方法：讲授法、演示法、实训（练习）法 （2）重点与难点：功能部件定位精度的检测	6

续表

<table>
<tr><th>模块</th><th>课程</th><th>学习单元</th><th>课程内容</th><th>培训建议</th><th>课堂学时</th></tr>
<tr><td rowspan="3">2. 数控机床机械功能部件调整与整机调整</td><td rowspan="3">2-3　机械功能部件调整与整机调整检查</td><td rowspan="3">（3）按照国家数控机床精度检测标准进行精度检测及填写相关机床检测报告单</td><td>1）国家数控机床精度检测标准的解读</td><td rowspan="3">（1）方法：讲授法
（2）重点与难点：数控机床精度检测</td><td rowspan="3">1</td></tr>
<tr><td>2）数控机床精度检测</td></tr>
<tr><td>3）机床检测报告单的填写方法</td></tr>
<tr><td rowspan="14">3. 数控机床机械功能部件维修</td><td rowspan="2">3-1　机械功能部件维修准备</td><td rowspan="2">按照维修内容合理选择工具、量具、工装等</td><td>1）常用工具、量具、工装的种类</td><td rowspan="2">（1）方法：讲授法
（2）重点与难点：装配常用工具、量具、工装的选择和使用</td><td rowspan="2">1</td></tr>
<tr><td>2）装配常用工具、量具、工装的选择</td></tr>
<tr><td rowspan="12">3-2　机械功能部件维修</td><td rowspan="4">（1）功能部件的拆卸和再装配</td><td>1）主轴箱的拆卸和再装配</td><td rowspan="4">（1）方法：讲授法、实训（练习）法、观摩法
（2）重点：进给传动部件的拆卸和再装配
（3）难点：主轴箱的拆卸和再装配</td><td rowspan="4">24</td></tr>
<tr><td>2）进给传动部件的拆卸和再装配</td></tr>
<tr><td>3）换刀装置的拆卸和再装配</td></tr>
<tr><td>4）辅助设备的拆卸和再装配
①液压系统
②气动系统
③润滑系统
④冷却系统
⑤排屑器
⑥防护罩</td></tr>
<tr><td rowspan="6">（2）齿轮、花键轴、轴承、密封圈、弹簧、紧固件等的检修</td><td>1）齿轮检修方法</td><td rowspan="6">（1）方法：讲授法、实训（练习）法
（2）重点：轴承选型及装配方法
（3）难点：扭矩值控制</td><td rowspan="6">6</td></tr>
<tr><td>2）花键轴检修方法</td></tr>
<tr><td>3）轴承选型及装配方法</td></tr>
<tr><td>4）密封件选型及装配方法</td></tr>
<tr><td>5）弹簧检修方法</td></tr>
<tr><td>6）紧固件扭矩值控制</td></tr>
<tr><td rowspan="2">（3）各种零部件配合间隙的检查与调整</td><td>1）齿轮啮合间隙的测量与调整</td><td rowspan="2">（1）方法：讲授法、实训（练习）法
（2）重点与难点：轴承间隙的测量与调整</td><td rowspan="2">4</td></tr>
<tr><td>2）轴承间隙的测量与调整</td></tr>
</table>

续表

模块	课程	学习单元	课程内容	培训建议	课堂学时
3．数控机床机械功能部件维修	3–2 机械功能部件维修	（4）轴、套、盘类零件图的绘制	1）轴类零件图的绘制 2）套类零件图的绘制 3）盘类零件图的绘制	（1）方法：讲授法 （2）重点与难点：典型轴类零件图的画法	2
	3–3 机械功能部件维修检查	（1）维修部件的功能检查	1）主轴箱的功能检查 2）进给传动部件的功能检查 3）换刀装置的功能检查 4）辅助设备的功能检查	（1）方法：讲授法、案例教学法 （2）重点与难点：功能部件修复后的功能检查	2
		（2）利用仪器、仪表、检具等检查维修部件的几何精度	机械功能部件维修后几何精度的检测	（1）方法：讲授法、观摩法 （2）重点与难点：机械功能部件维修后几何精度的检测	2
		（3）根据加工精度评估功能部件维修质量及填写维修记录单	1）根据加工精度评估一般功能部件的维修质量 2）维修记录单的填写	（1）方法：讲授法、观摩法 （2）重点与难点：功能部件维修质量对加工精度的影响	1
课堂学时合计					129

（2）电气方向

模块	课程	学习单元	课程内容	培训建议	课堂学时
1．数控机床电气部件装配	1–1 电气部件装配准备	（1）数控机床电气原理图、电气布置图、电气接线图等的识读	1）电工基础 2）电气元器件符号的识读 3）数控机床电气原理图的识读 4）数控机床电气布置图的识读 5）数控机床电气接线图的识读	（1）方法：讲授法 （2）重点与难点：数控机床电气原理图	8
		（2）根据电气部件装配要求选择常用工具、仪器和仪表	1）常用工具、仪器和仪表的规格、用途 2）常用工具、仪器和仪表的使用方法 3）常用工具、仪器和仪表的选择	（1）方法：讲授法 （2）重点与难点：常用仪器和仪表的使用方法	1

续表

模块	课程	学习单元	课程内容	培训建议	课堂学时
1. 数控机床电气部件装配	1-1 电气部件装配准备	（3）按照电气原理图要求选择电气元件及导线、电缆的规格	1）电气元器件符号及类型	（1）方法：讲授法 （2）重点与难点：安全作业规范及要求	2
			2）电线、电缆规格的识读		
			3）相关安全作业规范及要求		
	1-2 电气部件装配	（1）部件的配线与装配	1）钳工操作基础知识	（1）方法：讲授法、实训（练习）法 （2）重点与难点：电气线路连接规范	8
			2）电气线路连接规范		
			3）电气柜配线板的配线与装配		
			4）机床操纵台的配线与装配		
			5）电气柜到机床各部分连接的配线与装配		
		（2）标准麻花钻头的刃磨	1）麻花钻参数及刃磨知识	（1）方法：讲授法、实训（练习）法 （2）重点与难点：麻花钻刃磨	2
			2）砂轮机的使用方法		
		（3）在薄板上钻孔	薄板钻孔知识及注意事项	（1）方法：讲授法、实训（练习）法 （2）重点与难点：薄板钻孔注意事项	1
		（4）根据电气布置图要求安装电气元件	1）电气布置图知识	（1）方法：讲授法、实训（练习）法 （2）重点与难点：电气元件安装方法	2
			2）电气元件的安装方法		
		（5）按照电气原理图、电气接线图连接线路	电气线路的连接方法	（1）方法：讲授法、实训（练习）法 （2）重点与难点：电气线路连接方法	10
		（6）使用电烙铁焊接电气元件	1）电烙铁的使用方法	（1）方法：讲授法、实训（练习）法 （2）重点与难点：电气焊接知识	1
			2）电气焊接知识		
	1-3 电气部件装配检查	（1）检查电气元件安装的正确性	电气元件安装检查	（1）方法：讲授法 （2）重点与难点：电气元件安装检查	1

续表

模块	课程	学习单元	课程内容	培训建议	课堂学时
1. 数控机床电气部件装配	1-3　电气部件装配检查	（2）检查线路连接的正确性	线路连接检查	（1）方法：讲授法、实训（练习）法 （2）重点与难点：线路连接检查	2
		（3）检查电气元件、连接线路规格型号选择的正确性	电气元件、连接线路选型检查	（1）方法：讲授法、实训（练习）法 （2）重点与难点：电气元件和连接线路选型检查	2
		（4）利用相关仪器、仪表检查电气配电板连接的正确性	电气配电板连接检查	（1）方法：讲授法、实训（练习）法 （2）重点与难点：电气配电板连接检查	2
		（5）电气部件装配记录单的填写	电气部件装配记录单的填写方法	（1）方法：讲授法 （2）重点与难点：记录单填写方法	1
2. 数控机床电气部件调试	2-1　电气部件调试准备	按照电气部件调试要求准备工具、仪器、仪表、机床资料等	1）常用仪器、仪表的规格 2）仪器、仪表的选择原则及使用方法 3）安全用电及作业规范 4）数控机床资料介绍	（1）方法：讲授法 （2）重点与难点：安全用电及作业规范	1
	2-2　电气部件调试	（1）数控机床系统面板、操作面板的操作	1）数控机床面板各键功能 2）数控机床操作说明书的识读	（1）方法：讲授法、实训（练习）法 （2）重点与难点：数控机床操作面板的按钮及功能	4
		（2）数控机床一般功能的调试	1）数控机床系统基本功能 2）一般数控系统硬件连接 3）直线轴返回参考点功能调试	（1）方法：讲授法、实训（练习）法 （2）重点：一般数控系统硬件连接 （3）难点：直线轴返回参考点功能调试	8
		（3）应用一种型号数控系统进行加工编程	1）数控机床的操作系统知识 2）数控机床操作说明书的识读 3）数控系统程序代码知识 4）零件加工程序编程知识	（1）方法：讲授法、实训（练习）法 （2）重点与难点：数控系统程序代码知识	4

续表

模块	课程	学习单元	课程内容	培训建议	课堂学时
2. 数控机床电气部件调试	2-3 电气部件调试检查	（1）按照相关图样要求对通电调试的数控机床线路检测点进行通电前电阻测试	1）数控机床通电检查规程 2）常用仪器、仪表的使用规范及要求	（1）方法：讲授法、实训（练习）法 （2）重点与难点：数控机床通电检查规程	1
		（2）按照相关图样要求对通电调试的数控机床线路检测点进行通电时电压测试	1）数控机床通电检查规程 2）常用仪器、仪表的使用规范及要求	（1）方法：讲授法、实训（练习）法 （2）重点与难点：数控机床通电检查规程	1
		（3）按照相关技术文件要求对数控机床进行功能检查	1）数控机床功能检查步骤 2）机床数控系统操作说明书的识读 3）数控机床功能检查的主要内容	（1）方法：讲授法、实训（练习）法 （2）重点与难点：数控机床功能检查的主要内容	1
		（4）电气部件装配记录单的填写	电气部件装配记录单的填写方法	（1）方法：讲授法 （2）重点与难点：记录单填写方法	1
3. 数控机床电气部件维修	3-1 电气部件维修准备	（1）数控机床电气原理图、电气布置图、电气接线图等的识读	1）数控机床电气原理图的识读 2）数控机床电气布置图的识读 3）数控机床电气接线图的识读	（1）方法：讲授法 （2）重点与难点：数控机床电气布置图的识读	2
		（2）数控机床操作说明书及维修操作手册的识读	1）数控机床操作说明书的识读 2）数控机床数控系统说明书的识读 3）数控机床维修操作手册的识读	（1）方法：讲授法 （2）重点与难点：数控机床数控系统说明书的识读	4

续表

模块	课程	学习单元	课程内容	培训建议	课堂学时
3. 数控机床电气部件维修	3-1　电气部件维修准备	(3) 故障设备维修现场考察及维修前工具、仪器、仪表的准备	1）常用仪器、仪表的规格及用途 2）仪器、仪表的选择原则及使用方法 3）仪器、仪表维护保养守则	(1) 方法：讲授法 (2) 重点与难点：仪器、仪表的选择原则及使用方法	4
		(4) 相关维修设备安全作业规程的识读	1）维修设备安全注意事项 2）维修设备安全作业规程	(1) 方法：讲授法 (2) 重点与难点：维修设备安全作业规程	2
	3-2　电气部件维修	(1) 部件线路的拆卸和再装配	1）电气柜配电板的拆卸和再装配 2）数控机床操纵台的拆卸和再装配 3）电气柜与机床各部分连接的拆卸和再装配	(1) 方法：讲授法、实训（练习）法 (2) 重点与难点：电气部件线路的拆卸和再装配	16
		(2) 电气维修中配线质量的检查及配线问题的解决	1）电气配线工艺规范 2）电气维修中配线质量的检查 3）一般配线问题的处理方法	(1) 方法：讲授法 (2) 重点：电气配线工艺规范 (3) 难点：一般配线问题的处理方法	1
		(3) 数控机床系统面板、操作面板的操作	数控机床系统面板、操作面板旋钮、按钮和键盘的基本功能及使用方法	(1) 方法：讲授法、实训（练习）法 (2) 重点与难点：数控机床操作面板按钮的基本功能及使用方法	1
		(4) 使用数控机床诊断功能或可编程逻辑控制器梯形图（语句表）等分析故障	1）数控系统诊断功能介绍 2）可编程逻辑控制器梯形图故障分析方法	(1) 方法：讲授法、实训（练习）法 (2) 重点与难点：可编程逻辑控制器梯形图故障分析方法	8
		(5) 数控机床调试中常见电气故障的排除	1）数控机床常见故障分析 2）数控机床常见故障排除	(1) 方法：讲授法、观摩法、实训（练习）法 (2) 重点与难点：数控机床常见故障分析	4

续表

模块	课程	学习单元	课程内容	培训建议	课堂学时
3. 数控机床电气部件维修	3-3　电气部件维修检查	（1）数控机床维修后的功能检查	1）数控机床开机前的注意事项 2）数控机床功能检查	（1）方法：讲授法、观摩法、实训（练习）法 （2）重点与难点：数控机床功能检查的内容	1
		（2）维修记录单的填写	维修记录单填写方法及规范	（1）方法：讲授法 （2）重点与难点：维修记录单填写方法及规范	1
课堂学时合计					108

2.2.3　三级 / 高级职业技能培训课程规范

（1）机械方向

模块	课程	学习单元	课程内容	培训建议	课堂学时
1. 数控机床机械总装	1-1　机械总装准备	（1）数控机床部件装配图和总装配图的识读	1）数控机床部件装配图的识读 2）数控机床总装配图的识读	（1）方法：讲授法、案例教学法 （2）重点与难点：装配图的识读	2
		（2）连接件装配图的绘制	1）螺栓的绘制 2）键的绘制 3）铆钉的绘制	（1）方法：讲授法、实训（练习）法、案例教学法 （2）重点与难点：各种连接件装配图的绘制	4
		（3）根据整机装配要求准备工具、量具、检具、工装等	1）机械总装工具和工装的使用方法及注意事项 2）机械总装量具和检具的使用方法及注意事项	（1）方法：讲授法、实训（练习）法、案例教学法 （2）重点与难点：通用工具、量具和检具的使用方法	1
	1-2　机械总装	（1）刮削平板	1）修磨刮刀 2）刮削平板	（1）方法：讲授法、实训（练习）法 （2）重点与难点：刮削平板	2

续表

模块	课程	学习单元	课程内容	培训建议	课堂学时
1．数控机床机械总装	1-2　机械总装	（2）按照工艺规范要求完成一种型号以上数控机床机械功能部件与床身的总装配	1）液压（气动）工作原理 ①液压泵 ②液压缸 ③液压控制阀 ④调速回路 ⑤气动回路	（1）方法：讲授法、实训（练习）法、实物演示法 （2）重点：液压传动 （3）难点：三轴立式加工中心部件与床身的总装配	24
			2）三轴立式加工中心机械功能部件与床身的总装配		
		（3）在数控机床总装过程中进行几何精度的检测及一般误差的分析和调整	1）垂直度的检测方法	（1）方法：讲授法、讨论法、实训（练习）法、演示法 （2）重点与难点：检具的使用及几何精度的检测	8
			2）同轴度的检测方法		
			3）平行度的检测方法		
			4）床身水平图的绘制		
			5）床身和导轨几何精度的调整方法		
	1-3　机械总装检查	按照国家数控机床精度检验标准对机床整机进行几何精度检测	1）国家数控机床精度检验标准的解读	（1）方法：讲授法、实训（练习）法 （2）重点与难点：规范填写机床检测报告单	6
			2）数控机床整机几何精度的检测		
			3）机床检测报告单的填写方法		
2．数控机床整机调整与验收	2-1　整机调整准备	（1）数控机床电气原理图和电气接线图的识读	1）数控机床电气原理图的识读	（1）方法：讲授法、案例教学法、实物示教法 （2）重点与难点：电气原理图的识读	2
			2）数控机床电气接线图的识读		
		（2）两种型号以上数控系统的操作	1）FANUC 0i-D 数控系统操作方法	（1）方法：讲授法、实训（练习）法 （2）重点与难点：FANUC 0i-D、SINUMERIK 828D 数控系统操作方法	4
			2）SINUMERIK 828D 数控系统操作方法		
			3）华中 HNC-808T 数控系统操作方法		

续表

<table>
<tr><th>模块</th><th>课程</th><th>学习单元</th><th>课程内容</th><th>培训建议</th><th>课堂学时</th></tr>
<tr><td rowspan="16">2. 数控机床整机调整与验收</td><td rowspan="3">2-1 整机调整准备</td><td rowspan="3">（3）两种型号以上数控系统的加工编程</td><td>1）FANUC 0i-D 数控系统加工编程方法</td><td rowspan="3">（1）方法：讲授法、实训（练习）法、项目教学法
（2）重点与难点：FANUC 0i-D、SINUMERIK 828D 数控系统加工编程方法</td><td rowspan="3">8</td></tr>
<tr><td>2）SINUMERIK 828D 数控系统加工编程方法</td></tr>
<tr><td>3）华中 HNC-808T 数控系统加工编程方法</td></tr>
<tr><td rowspan="13">2-2 整机调整</td><td rowspan="3">（1）数控机床总装几何精度、定位精度的检测和调整</td><td>1）数控机床总装几何精度的检测</td><td rowspan="3">（1）方法：讲授法、实训（练习）法、演示法、实物示教法
（2）重点与难点：激光干涉仪的使用方法</td><td rowspan="3">8</td></tr>
<tr><td>2）激光干涉仪的工作原理及使用方法</td></tr>
<tr><td>3）直线轴定位精度的检测方法</td></tr>
<tr><td rowspan="2">（2）数控机床切削性能的调整</td><td>1）调整主轴转速、进给速度、切削深度以提高试件表面质量</td><td rowspan="2">（1）方法：讲授法、讨论法、实训（练习）法、案例教学法
（2）重点与难点：根据轴负载调整数控机床性能</td><td rowspan="2">4</td></tr>
<tr><td>2）根据轴负载或电流值调整主轴转速、进给速度等切削工艺参数</td></tr>
<tr><td rowspan="2">（3）试切工件的加工</td><td>1）工件的对刀</td><td rowspan="2">（1）方法：讲授法、实训（练习）法
（2）重点与难点：试件加工</td><td rowspan="2">4</td></tr>
<tr><td>2）试件加工</td></tr>
<tr><td rowspan="2">（4）加工工件检测、误差原因分析及机床调整</td><td>1）通用量具的使用方法及注意事项</td><td rowspan="2">（1）方法：讨论法、实训（练习）法、案例教学法
（2）重点与难点：伺服参数调整</td><td rowspan="2">4</td></tr>
<tr><td>2）根据加工工件的测量结果调整伺服参数（伺服增益、加速时间等）</td></tr>
<tr><td rowspan="3">（5）三坐标测量报告、激光检测报告的识读及一般误差的分析和调整</td><td>1）三坐标测量报告分析及一般误差调整</td><td rowspan="3">（1）方法：讲授法、案例教学法
（2）重点与难点：螺距补偿</td><td rowspan="3">8</td></tr>
<tr><td>2）激光检测报告分析</td></tr>
<tr><td>3）根据激光检测报告对机床直线轴进行补偿</td></tr>
<tr><td rowspan="2">（6）用计算机辅助设计与制造软件进行仿真加工并生成加工程序</td><td>1）CAXA2013 软件的使用方法</td><td rowspan="2">（1）方法：讲授法、实训（练习）法、案例教学法
（2）重点与难点：使用 CAXA2013 软件进行仿真加工</td><td rowspan="2">16</td></tr>
<tr><td>2）使用 CAXA2013 软件进行仿真加工</td></tr>
</table>

续表

<table>
<tr><th>模块</th><th>课程</th><th>学习单元</th><th>课程内容</th><th>培训建议</th><th>课堂学时</th></tr>
<tr><td rowspan="3">2．数控机床整机调整与验收</td><td rowspan="3">2-3　整机验收</td><td rowspan="3">按照国家数控机床精度检验标准对机床整机进行精度检验</td><td>1）国家数控机床精度检验标准的解读</td><td rowspan="3">（1）方法：讲授法、实训（练习）法
（2）重点与难点：规范填写机床检验报告单</td><td rowspan="3">2</td></tr>
<tr><td>2）数控机床整机精度的检测</td></tr>
<tr><td>3）机床检验报告单的填写方法</td></tr>
<tr><td rowspan="11">3．数控机床机械维修</td><td rowspan="7">3-1　机械维修准备</td><td rowspan="2">（1）数控机床部件装配图和总装配图的识读</td><td>1）数控机床部件装配图的识读</td><td rowspan="2">（1）方法：讲授法、案例教学法
（2）重点与难点：装配图和总装配图的识读</td><td rowspan="2">2</td></tr>
<tr><td>2）数控机床总装配图的识读</td></tr>
<tr><td rowspan="2">（2）数控机床电气原理图和电气接线图的识读</td><td>1）数控机床电气原理图的识读</td><td rowspan="2">（1）方法：讲授法、案例教学法、实物示教法
（2）重点与难点：数控机床电气原理图的识读</td><td rowspan="2">1</td></tr>
<tr><td>2）数控机床电气接线图的识读</td></tr>
<tr><td rowspan="3">（3）数控机床液压与气动原理图的识读</td><td>1）流体力学基础</td><td rowspan="3">（1）方法：讲授法
（2）重点：数控机床液压原理图的识读
（3）难点：流体力学基础</td><td rowspan="3">2</td></tr>
<tr><td>2）数控机床液压原理图的识读</td></tr>
<tr><td>3）数控机床气动原理图的识读</td></tr>
<tr><td rowspan="4">3-2　机械维修</td><td rowspan="4">（1）数控机床整机拆卸与组装</td><td>1）数控车床主轴箱与床身的拆装</td><td rowspan="4">（1）方法：讲授法、实训（练习）法、项目教学法
（2）重点：数控车床主轴箱与床身、床鞍的拆装；加工中心主轴箱与立柱、工作台与床身的拆装
（3）难点：使用百分表等检具进行调整</td><td rowspan="4">16</td></tr>
<tr><td>2）数控车床床鞍与床身的拆装</td></tr>
<tr><td>3）加工中心主轴箱与立柱的拆装</td></tr>
<tr><td>4）加工中心工作台与床身的拆装</td></tr>
</table>

续表

模块	课程	学习单元	课程内容	培训建议	课堂学时
3. 数控机床机械维修	3-2　机械维修	（2）通过数控机床诊断功能判断常见机械、电气、液压和气动控制故障	1）数控机床诊断功能的使用方法 2）机械故障的判断方法 3）电气故障的判断方法 4）液压和气动控制故障的判断方法	（1）方法：讲授法、讨论法、实训（练习）法 （2）重点与难点：诊断常见机械、电气、液压和气动控制故障	4
		（3）数控机床机械故障的排除	1）机械原理知识 2）主传动故障的排除 3）进给传动故障的排除	（1）方法：讲授法、讨论法、实训（练习）法 （2）重点与难点：机械故障的排除	4
		（4）数控机床强电故障的排除	强电短路、断路、过载故障的排除	（1）方法：讲授法、讨论法、实训（练习）法 （2）重点与难点：强电故障的排除	2
	3-3　机械维修检查	按照国家数控机床精度检验标准对机床整机进行精度检验	1）国家数控机床精度检验标准的解读 2）对照国家标准进行数控机床精度的检验 3）机床维修验收单的填写	（1）方法：讲授法、实训（练习）法 （2）重点与难点：规范填写机床维修验收单	2
课堂学时合计					140

（2）电气方向

模块	课程	学习单元	课程内容	培训建议	课堂学时
1. 数控机床整机电气装配	1-1　整机电气装配准备	（1）数控机床电气总装配图的识读	数控机床电气总装配图的识读	（1）方法：讲授法、案例教学法、实物示教法 （2）重点与难点：数控机床电气总装配图的识读	2
		（2）数控机床液压与气动原理图的识读	液压（气动）工作原理 ①液压泵 ②液压缸 ③液压控制阀	（1）方法：讲授法、案例教学法、实物示教法 （2）重点与难点：液压控制阀	2

续表

模块	课程	学习单元	课程内容	培训建议	课堂学时
1. 数控机床整机电气装配	1-1　整机电气装配准备	(3) 与电气相关的机械图识读	1) 回转刀架机械图识读 2) 更换主轴头的换刀系统机械图识读 3) 带刀库的自动换刀系统机械图识读	(1) 方法：讲授法、讨论法、实物示教法 (2) 重点与难点：带刀库的自动换刀系统机械图识读	8
		(4) 数控机床整机电气装配前工具、仪器、仪表及相关技术文件的准备	1) 数控机床整机电气装配工具、仪器和仪表的使用方法 2) 数控机床整机电气装配相关技术文件的识读	(1) 方法：讲授法、讨论法、实训（练习）法、实物示教法 (2) 重点与难点：数控机床整机电气装配工具、仪器和仪表的使用方法	1
	1-2　整机电气装配	(1) 按照电气装配技术文件要求进行数控机床的配电板、变压器、数控装置、电源等部件的安装	1) 机床电气回路的安装 2) FANUC 系列数控系统电气回路的安装 3) SINUMERIK 系列数控系统电气回路的安装	(1) 方法：讲授法、实训（练习）法、实物示教法 (2) 重点与难点：FANUC 系列、SINUMERIK 系列数控系统电气回路的安装	16
		(2) 数控机床各部件的连接	数控机床各部件之间电缆的连接 ①数控装置 ②配电板 ③变频器 ④刀库 ⑤机械手 ⑥液压系统 ⑦润滑系统 ⑧排屑系统	(1) 方法：讲授法、实训（练习）法、项目教学法、实物示教法 (2) 重点与难点：变频器接线	16
		(3) 按照相关技术文件要求进行屏蔽线、接地线等的连接	屏蔽线、接地线的连接	(1) 方法：讲授法、实训（练习）法 (2) 重点与难点：屏蔽线、接地线的接线规范	1

续表

<table>
<tr><th>模块</th><th>课程</th><th>学习单元</th><th>课程内容</th><th>培训建议</th><th>课堂学时</th></tr>
<tr><td rowspan="2">1. 数控机床整机电气装配</td><td rowspan="2">1-3 整机电气装配检查</td><td>（1）通电前短路检测及接地电阻值检测</td><td>短路检测方法及接地电阻值检测方法</td><td>（1）方法：讲授法、实训（练习）法
（2）重点与难点：通电前短路检测</td><td>1</td></tr>
<tr><td>（2）按照技术文件规定检测相关检测点的电阻值</td><td>相关检测点的电阻值检测方法及注意事项</td><td>（1）方法：讲授法、实训（练习）法
（2）重点与难点：相关检测点的电阻值检测</td><td>1</td></tr>
<tr><td rowspan="8">2. 数控机床整机电气调试</td><td rowspan="4">2-1 整机电气调试准备</td><td rowspan="2">（1）数控机床安装调试手册的识读</td><td>1）FANUC 系列数控机床安装调试手册</td><td rowspan="2">（1）方法：讲授法、实物示教法
（2）重点与难点：数控机床安装调试手册的识读</td><td rowspan="2">2</td></tr>
<tr><td>2）SINUMERIK 系列数控机床安装调试手册</td></tr>
<tr><td rowspan="2">（2）数控机床整机电气调试前工具、仪器、仪表及相关技术文件的准备</td><td>1）数控机床整机电气调试的工具、仪器、仪表使用方法</td><td rowspan="2">（1）方法：讲授法、讨论法、实训（练习）法、实物示教法
（2）重点与难点：数控机床整机电气调试的工具、仪器、仪表使用方法</td><td rowspan="2">1</td></tr>
<tr><td>2）数控机床整机电气调试技术文件的识读</td></tr>
<tr><td rowspan="4">2-2 整机电气调试</td><td rowspan="2">（1）数控系统通信与数据备份及恢复</td><td>1）数控系统通信
① FANUC 0i-D
② SINUMERIK 828D</td><td rowspan="2">（1）方法：讲授法、实训（练习）法、演示法、项目教学法、实物示教法
（2）重点与难点：数控系统数据备份及恢复</td><td rowspan="2">4</td></tr>
<tr><td>2）数控系统数据备份及恢复
① FANUC 0i-D
② SINUMERIK 828D</td></tr>
<tr><td rowspan="2">（2）数控机床调试中系统及可编程逻辑控制器的应用</td><td>1）数控机床参数的调整
① FANUC 0i-D
② SINUMERIK 828D</td><td rowspan="2">（1）方法：讲授法、实训（练习）法、演示法、项目教学法、实物示教法
（2）重点与难点：数控机床参数调整</td><td rowspan="2">16</td></tr>
<tr><td>2）变频器参数的调整</td></tr>
</table>

续表

<table>
<tr><th>模块</th><th>课程</th><th>学习单元</th><th>课程内容</th><th>培训建议</th><th>课堂学时</th></tr>
<tr><td rowspan="9">2. 数控机床整机电气调试</td><td rowspan="7">2–2　整机电气调试</td><td rowspan="2">（3）数控机床调试中机床诊断功能的应用</td><td>1）数控机床诊断功能
① FANUC 0i–D
② SINUMERIK 828D</td><td rowspan="2">（1）方法：讲授法、实训（练习）法、项目教学法
（2）重点与难点：数控机床诊断功能在机床调试中的应用</td><td rowspan="2">16</td></tr>
<tr><td>2）数控机床诊断功能在机床调试中的应用</td></tr>
<tr><td rowspan="2">（4）试件加工程序的编制</td><td>1）编程代码的识读</td><td rowspan="2">（1）方法：讲授法、实训（练习）法、项目教学法
（2）重点与难点：手动编制试件加工程序</td><td rowspan="2">4</td></tr>
<tr><td>2）手动编制试件加工程序</td></tr>
<tr><td>（5）数控机床试车</td><td>数控机床空运转试车</td><td>（1）方法：讲授法、实训（练习）法
（2）重点与难点：数控机床空运转试车</td><td>2</td></tr>
<tr><td rowspan="2">（6）试车与工件加工</td><td>1）刀具、工件装夹及对刀方法</td><td rowspan="2">（1）方法：讲授法、实训（练习）法
（2）重点与难点：刀具、工件装夹及对刀方法</td><td rowspan="2">4</td></tr>
<tr><td>2）试车并加工工件</td></tr>
<tr><td rowspan="2">2–3　整机电气调试检查</td><td>（1）数控机床电气调试中控制功能的检查</td><td>1）各轴限位控制功能的检查
2）主轴运动控制功能的检查
3）进给轴运动控制功能的检查
4）刀库功能控制功能的检查
5）参考点控制功能的检查</td><td>（1）方法：讲授法、讨论法、实训（练习）法、项目教学法
（2）重点与难点：主轴运动控制功能的检查</td><td>4</td></tr>
<tr><td>（2）整机电气调试记录单的填写</td><td>整机电气调试记录单的填写方法</td><td>（1）方法：讲授法、讨论法
（2）重点与难点：整机电气调试记录单的填写方法</td><td>1</td></tr>
</table>

续表

<table>
<tr><th>模块</th><th>课程</th><th>学习单元</th><th>课程内容</th><th>培训建议</th><th>课堂学时</th></tr>
<tr><td rowspan="12">3. 数控机床电气维修</td><td rowspan="8">3-1 电气维修准备</td><td rowspan="3">(1) 数控机床电气布置图、电气原理图和电气接线图的识读</td><td>1) 数控机床电气布置图的识读</td><td rowspan="3">(1) 方法：讲授法、案例教学法、实物示教法
(2) 重点与难点：数控机床电气原理图的识读</td><td rowspan="3">2</td></tr>
<tr><td>2) 数控机床电气原理图的识读</td></tr>
<tr><td>3) 数控机床电气接线图的识读</td></tr>
<tr><td>(2) 数控机床电气总装配图的识读</td><td>数控机床电气总装配图的识读</td><td>(1) 方法：讲授法、案例教学法、实物示教法
(2) 重点与难点：数控机床电气总装配图的识读</td><td>2</td></tr>
<tr><td>(3) 数控机床液压与气动原理图的识读</td><td>液压（气动）工作原理及原理图识读
①液压回路
②气动回路</td><td>(1) 方法：讲授法、案例教学法、实物示教法
(2) 重点与难点：液压回路</td><td>2</td></tr>
<tr><td rowspan="3">(4) 与电气相关的机械图识读</td><td>1) 数控刀架机械图识读</td><td rowspan="3">(1) 方法：讲授法、案例教学法、实物示教法
(2) 重点与难点：带刀库的自动换刀系统机械图识读</td><td rowspan="3">4</td></tr>
<tr><td>2) 更换主轴头的换刀系统机械图识读</td></tr>
<tr><td>3) 带刀库的自动换刀系统机械图识读</td></tr>
<tr><td rowspan="4">3-2 电气维修</td><td rowspan="2">(1) 电气故障检查中仪器、仪表的应用</td><td>1) 万用表的应用</td><td rowspan="2">(1) 方法：讲授法、实训（练习）法、实物示教法
(2) 重点与难点：使用仪器、仪表结合电气原理图检查故障点</td><td rowspan="2">4</td></tr>
<tr><td>2) 钳形表的应用</td></tr>
<tr><td rowspan="2">(2) 电气故障检查中数控系统诊断功能和可编程逻辑控制器梯形图的应用</td><td>1) 数控系统诊断功能
①机械故障
②电气故障
③液压和气动控制故障</td><td rowspan="2">(1) 方法：讲授法、实训（练习）法、案例教学法、项目教学法
(2) 重点与难点：可编程逻辑控制器梯形图在线诊断</td><td rowspan="2">16</td></tr>
<tr><td>2) 可编程逻辑控制器梯形图在线诊断功能
①机械故障
②电气故障
③液压和气动控制故障</td></tr>
</table>

续表

模块	课程	学习单元	课程内容	培训建议	课堂学时
3. 数控机床电气维修	3-2 电气维修	(3) 数控机床常见强、弱电气故障的维修	1) 数控车床的维修 2) 加工中心的维修 3) 数控镗铣床的维修	(1) 方法：讲授法、讨论法、实训（练习）法 (2) 重点与难点：数控机床常见强、弱电气故障的维修	16
	3-3 电气维修检查	数控机床故障修复情况的检查及机床维修验收单的填写	1) 数控机床故障修复情况的检查 2) 机床维修验收单的填写	(1) 方法：讲授法、实训（练习）法 (2) 重点与难点：数控机床故障修复情况的检查	1
课堂学时合计					149

2.2.4 二级 / 技师职业技能培训课程规范

(1) 机械方向

模块	课程	学习单元	课程内容	培训建议	课堂学时
1. 数控机床机械装配与调整	1-1 机械装配与调整前准备	(1) 一般装配夹具、胎具的设计与制造	1) 一般装配夹具、胎具的设计 2) 一般装配夹具、胎具的制造	(1) 方法：讲授法 (2) 重点与难点：一般装配夹具、胎具的设计与制造	2
		(2) 机械图样的绘制	机械草图的绘制	(1) 方法：讲授法、实训（练习）法 (2) 重点与难点：机械草图的绘制	2
		(3) 电气识图	1) 复杂数控机床电气原理图的识读 2) 复杂数控机床电气接线图的识读	(1) 方法：讲授法、案例教学法 (2) 重点与难点：电气识图	2
		(4) 液压（气动）系统识图	复杂数控机床液压（气动）系统原理图的识读	(1) 方法：讲授法、案例教学法 (2) 重点与难点：液压（气动）系统识图	1
		(5) 进口数控机床产品简要机械说明书的识读	识读方法	(1) 方法：讲授法 (2) 重点与难点：识读方法	1

续表

模块	课程	学习单元	课程内容	培训建议	课堂学时
1. 数控机床机械装配与调整	1-1 机械装配与调整前准备	(6) 数控机床机械装配与调整工艺规程的编制	1) 数控机床机械装配工艺规程的编制	(1) 方法：讲授法 (2) 重点与难点：数控机床机械装配与调整工艺规程的编制	1
			2) 数控机床机械调整工艺规程的编制		
	1-2 机械装配与调整	(1) 数控机床的机械总装与调整	1) 数控机床的机械总装	(1) 方法：讲授法、演示法、实训（练习）法 (2) 重点与难点：数控机床的机械总装与调整	8
			2) 数控机床的机械调整		
			3) 新产品的机械装配与调试		
		(2) 数控系统加工编程	1) FANUC 31i-D 数控系统加工编程	(1) 方法：讲授法 (2) 重点与难点：数控系统加工编程	4
			2) SINUMERIK 840Dsl 数控系统加工编程		
			3) 华中 HNC-808e 数控系统加工编程		
		(3) 试制新产品的机械装配与调试	试制新产品的机械装配与调试	(1) 方法：讲授法 (2) 重点与难点：试制新产品的机械装配与调试	2
		(4) 数控机床可编程逻辑控制器	1) 发那科 PMC 梯形图基础	(1) 方法：讲授法、案例教学法、实训（练习）法 (2) 重点与难点：可编程逻辑控制器编程	24
			2) 西门子 PLC 梯形图及语句表基础		
			3) 可编程逻辑控制器程序诊断方法及实例		
		(5) 机械装配及改进	1) 机械装配工艺过程原则	(1) 方法：讲授法、案例教学法、实训（练习）法 (2) 重点：机械装配工艺过程原则 (3) 难点：机械装配改进方法	4
			2) 机械装配改进方法及实例		
		(6) 数控机床日常维护保养	数控机床日常维护保养制度编制要求与规范	(1) 方法：讲授法 (2) 重点与难点：数控机床日常维护保养制度编制要求与规范	1

续表

模块	课程	学习单元	课程内容	培训建议	课堂学时
1. 数控机床机械装配与调整	1-3 机械装配与调整检查	(1) 数控机床精度检测	1) 数控机床检测相关的国家标准 2) 球杆仪的使用方法 3) 激光干涉仪的使用方法 4) 其他特殊检具的使用方法	(1) 方法：讲授法、案例教学法、实训(练习)法 (2) 重点：数控机床检测国标 (3) 难点：激光干涉仪、球杆仪和其他检具的使用方法	12
		(2) 数控机床精度误差分析与调整	1) 三坐标测量报告误差分析 2) 激光干涉仪检测报告误差分析 3) 球杆仪检测报告误差分析 4) 几何精度的调整 5) 定位精度的调整 6) 工作精度的改善	(1) 方法：讲授法、案例教学法、实训(练习)法 (2) 重点：误差分析 (3) 难点：精度调整	16
2. 数控机床机械维修	2-1 机械维修准备	数控机床机械维修专用工具、量具、工装和检具的选择与使用方法	1) 数控机床机械维修专用工具、量具、工装和检具的选择方法 2) 数控机床机械维修专用工具、量具、工装和检具的使用方法	(1) 方法：讲授法 (2) 重点与难点：数控机床机械维修专用工具、量具、工装和检具的选择与使用方法	1
	2-2 机械维修	(1) 复杂数控机床液压和气动故障的排除	1) 复杂数控机床的液压故障及其排除方法 2) 复杂数控机床的气动故障及其排除方法	(1) 方法：讲授法、案例教学法 (2) 重点与难点：复杂数控机床的液压故障及其排除方法	2
		(2) 数控机床的大修	1) 数控机床大修技术方案的编制 2) 数控机床大修工作的实施	(1) 方法：讲授法、案例教学法 (2) 重点与难点：数控机床的大修	4
		(3) 高速、精密、大型数控机床的维护保养	1) 高速、精密、大型数控机床维护保养标准的编制 2) 高速、精密、大型数控机床维护保养工作的实施	(1) 方法：讲授法、案例教学法 (2) 重点与难点：高速、精密、大型数控机床维护保养	2

续表

模块	课程	学习单元	课程内容	培训建议	课堂学时
2. 数控机床机械维修	2-2 机械维修	(4) 高速、精密、大型数控机床易损件的更换与维修	1）高速、精密、大型数控机床易损件类目 2）高速、精密、大型数控机床易损件的更换与维修	(1) 方法：讲授法、案例教学法 (2) 重点与难点：高速、精密、大型数控机床易损件的更换与维修	2
		(5) 复杂数控机床常见电气线路故障的排除	复杂数控机床电气线路常见故障及其排除方法	(1) 方法：讲授法、案例教学法 (2) 重点与难点：复杂数控机床电气线路常见故障及其排除方法	2
	2-3 机械维修检查	数控机床维修验收	1）复杂数控机床精度检测 2）复杂数控机床维修验收单的填写方法	(1) 方法：讲授法、案例教学法、实训（练习）法 (2) 重点：维修验收单的填写 (3) 难点：数控机床精度检测	1
3. 数控机床机械技术改造	3-1 机械技术改造准备	数控机床机械改造常用工具、量具和仪表的选择与使用方法	1）数控机床机械改造常用工具、量具和仪表的选择方法 2）数控机床机械改造常用工具、量具和仪表的使用方法	(1) 方法：讲授法、案例教学法 (2) 重点与难点：数控机床机械改造常用工具、量具和仪表的选择与使用方法	1
	3-2 机械技术改造	(1) 数控机床机械结构工艺改进	1）数控机床主要机械结构及工作原理 2）数控机床机械结构改进方法及实例 3）加装在线测量装置 ①测头连接、调试和标定 ②使用测头测量	(1) 方法：讲授法、案例教学法 (2) 重点与难点：加装在线测量装置	8
		(2) 机械零部件测绘	机械零部件的测绘方法	(1) 方法：讲授法、实训（练习）法 (2) 重点与难点：机械零部件的测绘方法	8

续表

模块	课程	学习单元	课程内容	培训建议	课堂学时
3. 数控机床机械技术改造	3-2 机械技术改造	(3) 电主轴的安装与调试	1) 电主轴的机械安装 2) 电主轴的机械调试与检测	(1) 方法：讲授法、案例教学法 (2) 重点与难点：电主轴的安装与调试	8
		(4) 使用力矩电动机改造蜗轮、蜗杆传动机构	1) 力矩电动机基础知识 2) 力矩电动机在蜗轮、蜗杆传动机构改造中的应用	(1) 方法：讲授法 (2) 重点与难点：力矩电动机在蜗轮、蜗杆传动机构改造中的应用	4
	3-3 机械技术改造验收	数控机床机械技术改造验收	1) 数控机床机械改造技术要求的编制 2) 数控机床机械技术改造验收报告的编制	(1) 方法：讲授法、案例教学法、实训（练习）法 (2) 重点与难点：机械技术改造验收	2
4. 培训与指导	4-1 指导操作	指导本职业三级/高级及以下级别人员的实际操作	1) 数控机床装调的操作指导 2) 数控机床常见故障维修的操作指导	(1) 方法：讲授法 (2) 重点：数控机床装调的操作指导 (3) 难点：数控机床常见故障维修的操作指导	2
	4-2 理论培训	(1) 培训大纲的编写	培训大纲的编写	(1) 方法：讲授法 (2) 重点与难点：培训大纲的编写	1
		(2) 专业技术理论知识的讲授	专业技术理论知识的讲授	(1) 方法：讲授法 (2) 重点与难点：专业技术理论知识的讲授	1
5. 质量与生产管理	5-1 质量管理	(1) 数控机床装调维修质量标准	数控机床装调维修质量标准解读与宣贯	(1) 方法：讲授法 (2) 重点与难点：数控机床装调维修质量标准宣贯	1
		(2) 数控机床装调维修操作质量分析与控制	数控机床装调维修操作质量分析与控制	(1) 方法：讲授法 (2) 重点与难点：数控机床装调维修操作质量分析与控制	1
	5-2 生产管理	生产管理	人员协同工作管理方法	(1) 方法：讲授法 (2) 重点与难点：人员协同工作管理	1
课堂学时合计					132

（2）电气方向

模块	课程	学习单元	课程内容	培训建议	课堂学时
1. 数控机床电气装配与调整	1-1 电气装配与调整前准备	（1）复杂数控机床机械总装图、部件装配图和液压（气动）系统原理图的识读	1）复杂数控机床机械总装图的识读方法及实例	（1）方法：讲授法、案例教学法 （2）重点与难点：复杂数控机床部件装配图的识读方法及实例	2
			2）复杂数控机床部件装配图的识读方法及实例		
			3）复杂数控机床液压（气动）系统原理图的识读方法及实例		
		（2）简单机械零件图的绘制	简单机械零件图的绘制方法及实例	（1）方法：讲授法、案例教学法 （2）重点与难点：机械零件图的绘制方法	2
		（3）进口数控机床产品简要电气说明书的识读	进口数控机床产品简要电气说明书的识读方法	（1）方法：讲授法、案例教学法 （2）重点与难点：进口数控机床产品简要电气说明书的识读方法	1
		（4）电气装配工艺规程的编制	电气装配工艺规程的编制	（1）方法：讲授法、案例教学法 （2）重点与难点：电气装配工艺规程的编制	1
	1-2 电气装配与调整	（1）数控系统加工编程	1）进口数控系统操作方法	（1）方法：讲授法、案例教学法 （2）重点：进口数控系统加工编程 （3）难点：Mastercam9.1 软件的使用方法及仿真加工	24
			2）进口数控系统加工编程		
			3）Mastercam9.1 软件的使用方法及仿真加工		
		（2）数控系统进给误差补偿	1）数控系统直线轴的误差补偿	（1）方法：讲授法、案例分析法、实训（练习）法 （2）重点与难点：进给误差补偿	16
			2）数控系统旋转轴的误差补偿		
		（3）进给轴伺服优化	1）伺服优化软件的使用方法	（1）方法：讲授法、案例分析法、实训（练习）法 （2）重点与难点：进给轴伺服优化	8
			2）进给轴参数的优化与调整		

续表

模块	课程	学习单元	课程内容	培训建议	课堂学时
1. 数控机床电气装配与调整	1-2 电气装配与调整	（4）数控机床电气新技术	1）多轴数控机床电气装配与调整技术	（1）方法：讲授法、案例分析法 （2）重点：多轴数控机床电气装配与调整技术 （3）难点：机械臂协作装配技术	8
			2）机械臂协作装配技术		
		（5）新产品的电气装配与调试	新产品的电气装配与调试方法及实例	（1）方法：讲授法、案例分析法 （2）重点与难点：新产品的电气装配与调试方法	4
		（6）质量问题的分析	1）数控机床常见重大质量问题	（1）方法：讲授法、案例分析法 （2）重点与难点：质量问题的分析	2
			2）数控机床重大质量问题的解决方法		
	1-3 电气装配与调整检查	电气装配与调整检查	1）数控机床电气功能检验	（1）方法：讲授法、案例分析法、实训（练习）法 （2）重点与难点：电气装配与调整检查	2
			2）数控机床试机程序编制与运行		
			3）电气装配与调整记录单的填写方法		
2. 数控机床电气维修	2-1 电气维修前准备	电气维修前准备	1）复杂数控机床电气维修常用工具、仪器和仪表的选择与使用方法	（1）方法：讲授法 （2）重点与难点：电气维修工具、仪器和仪表的使用方法	1
			2）数控机床电气常用技术文件的识读		
	2-2 电气维修	（1）电气、液压（气动）控制系统故障的排除	1）高速、精密、大型数控机床电气控制系统故障的排除方法及实例	（1）方法：讲授法、案例分析法、实训（练习）法 （2）重点与难点：高速、精密、大型数控机床电气控制系统故障的排除方法	16
			2）高速、精密、大型数控机床液压（气动）控制系统故障的排除方法及实例		

续表

模块	课程	学习单元	课程内容	培训建议	课堂学时
2. 数控机床电气维修	2-2 电气维修	（2）数控机床常见机械故障的排除	数控机床常见机械故障的排除方法及实例	（1）方法：讲授法 （2）重点与难点：数控机床常见机械故障的排除方法	8
	2-3 电气维修检查	电气维修检查	1）数控机床电气故障修复情况的检查方法 2）机床维修验收单的填写	（1）方法：讲授法 （2）重点与难点：数控机床电气故障修复情况的检查方法	2
3. 数控机床电气技术改造	3-1 电气技术改造前准备	电气技术改造常用工具、仪器和仪表的选择与使用方法	1）电气技术改造常用工具、仪器和仪表的选择方法 2）电气技术改造常用工具、仪器和仪表的使用方法	（1）方法：讲授法 （2）重点与难点：电气技术改造常用工具、仪器和仪表的选择与使用方法	1
	3-2 电气技术改造	（1）数控机床电气系统改进方法	1）数控机床电气系统改进方法及实例 2）加装在线测量装置 ①测头连接、调试及标定 ②使用测头测量	（1）方法：讲授法、案例分析法、讨论法 （2）重点与难点：加装在线测量装置	8
		（2）数控系统联网及数据采集系统的改造	1）数控系统网络通信方式 ① FANUC 0i-D ② SINUMERIK 828D 2）数控系统 DNC（分布式数控系统）改造	（1）方法：讲授法、演示法、实训（练习）法 （2）重点：数控系统网络通信方式 （3）难点：数控系统 DNC 改造	4
		（3）力矩电动机的使用	1）力矩电动机的结构及工作原理 2）力矩电动机电气控制 ①线路连接 ②线路调试 3）力矩电动机改造应用方法及实例	（1）方法：讲授法、案例分析法、实训（练习）法 （2）重点与难点：力矩电动机电气控制	8
		（4）电主轴的连接与调试	1）电主轴介绍 2）电主轴的电气连接与调试	（1）方法：讲授法、实训（练习）法 （2）重点与难点：电主轴的电气连接与调试	8
		（5）电气控制线路的设计	1）电气控制设计软件介绍 2）简单电气控制线路的设计	（1）方法：讲授法、案例分析法、实训（练习）法 （2）重点与难点：简单电气控制线路的设计	16

续表

模块	课程	学习单元	课程内容	培训建议	课堂学时
3. 数控机床电气技术改造	3-3 电气技术改造验收	电气技术改造验收	1）数控机床电气改造技术要求	（1）方法：讲授法、案例分析法 （2）重点与难点：数控机床电气技术改造验收	2
			2）数控机床电气技术改造验收		
4. 培训与指导	4-1 指导操作	指导本职业三级/高级及以下级别人员的实际操作	1）数控机床装调的操作指导	（1）方法：讲授法 （2）重点：数控机床装调的操作指导 （3）难点：数控机床常见故障维修的操作指导	2
			2）数控机床常见故障维修的操作指导		
	4-2 理论培训	（1）培训大纲的编写	培训大纲的编写	（1）方法：讲授法 （2）重点与难点：培训大纲编写	1
		（2）专业技术理论知识的讲授	专业技术理论知识的讲授	（1）方法：讲授法 （2）重点与难点：专业技术理论知识的讲授	1
5. 质量与生产管理	5-1 质量管理	（1）数控机床装调维修质量标准	数控机床装调维修质量标准解读与宣贯	（1）方法：讲授法 （2）重点与难点：数控机床装调维修质量标准宣贯	1
		（2）数控机床装调维修操作质量分析与控制	数控机床装调维修操作质量分析与控制	（1）方法：讲授法 （2）重点与难点：数控机床装调维修操作质量分析与控制	1
	5-2 生产管理	生产管理	人员协同工作管理方法	（1）方法：讲授法 （2）重点与难点：人员协同工作管理	1
课堂学时合计					151

2.2.5 一级 / 高级技师职业技能培训课程规范

（1）机械方向

<table>
<tr><th>模块</th><th>课程</th><th>学习单元</th><th>课程内容</th><th>培训建议</th><th>课堂学时</th></tr>
<tr><td rowspan="13">1. 数控机床机械装配与调试</td><td rowspan="11">1-1 机械装配与调试准备</td><td rowspan="4">（1）复杂数控机床的机械、电气、液压（气动）系统原理图、电气接线图的识读</td><td>1）国外机械工程图的识读</td><td rowspan="4">（1）方法：讲授法
（2）重点与难点：各国螺纹的标记</td><td rowspan="4">4</td></tr>
<tr><td>2）第三角投影法</td></tr>
<tr><td>3）进口设备图样中的尺寸标注</td></tr>
<tr><td>4）各国螺纹的标记和识读方法</td></tr>
<tr><td rowspan="3">（2）进口数控机床使用说明书的识读</td><td>1）进口高速切削数控机床使用说明书相关知识</td><td rowspan="3">（1）方法：讲授法
（2）重点与难点：进口高速切削、超精密数控机床使用说明书相关知识</td><td rowspan="3">2</td></tr>
<tr><td>2）进口超精密数控机床使用说明书相关知识</td></tr>
<tr><td>3）数控机床专用外文词汇的识读</td></tr>
<tr><td rowspan="2">（3）高速、精密、大型数控机床装配与调试的专用工具、量具、夹具、胎具等的准备</td><td>1）专用工具、夹具和胎具等的使用与选择方法</td><td rowspan="2">（1）方法：讲授法、实训法
（2）重点与难点：专用工具、夹具和胎具等的使用与选择方法</td><td rowspan="2">1</td></tr>
<tr><td>2）专用量具、仪器、仪表等的使用与选择方法</td></tr>
<tr><td rowspan="3">（4）高速电主轴装配与调试的工装、动平衡仪等设备的准备</td><td>1）高速电主轴装配方法</td><td rowspan="3">（1）方法：讲授法、实训（练习）法
（2）重点与难点：动平衡仪的使用方法及注意事项</td><td rowspan="3">8</td></tr>
<tr><td>2）动平衡仪的使用方法及注意事项</td></tr>
<tr><td>3）振动分析仪的使用方法及注意事项</td></tr>
<tr><td rowspan="2">1-2 机械装配与调试</td><td rowspan="2">（1）数控机床操作与编程</td><td>1）进口、复杂数控机床的操作</td><td rowspan="2">（1）方法：讲授法、实训（练习）法
（2）重点与难点：复杂零件编程与加工</td><td rowspan="2">8</td></tr>
<tr><td>2）复杂零件编程与加工</td></tr>
</table>

续表

<table>
<tr><th>模块</th><th>课程</th><th>学习单元</th><th>课程内容</th><th>培训建议</th><th>课堂学时</th></tr>
<tr><td rowspan="12">1. 数控机床机械装配与调试</td><td rowspan="8">1-2 机械装配与调试</td><td>（2）组织解决高速、精密、大型数控设备装配中出现的疑难问题</td><td>高速、精密、大型数控设备装配中出现的疑难问题案例分析及解决方法</td><td>（1）方法：案例分析法
（2）重点与难点：装配中出现的疑难问题的解决方法</td><td>2</td></tr>
<tr><td rowspan="3">（3）组织解决新产品装配和调整中出现的重大疑难问题</td><td>1）新产品加工精度异常的分析方法</td><td rowspan="3">（1）方法：讲授法、实训（练习）法
（2）重点与难点：新产品加工精度异常的分析方法</td><td rowspan="3">4</td></tr>
<tr><td>2）新产品加工振动问题的分析方法</td></tr>
<tr><td>3）新产品加工变形问题的分析方法</td></tr>
<tr><td rowspan="3">（4）高速、高精密陶瓷轴承装配</td><td>1）高速、高精密陶瓷轴承组装</td><td rowspan="3">（1）方法：讲授法、实训（练习）法
（2）重点：轴承配对组装
（3）难点：精密轴承隔套的配置</td><td rowspan="3">8</td></tr>
<tr><td>2）精密轴承游隙的测量</td></tr>
<tr><td>3）精密轴承隔套的配置</td></tr>
<tr><td rowspan="2">（5）高速、高精度电主轴轴承的冷装、热装</td><td>1）高速、高精度电主轴轴承的冷装方法</td><td rowspan="2">（1）方法：讲授法、实训（练习）法
（2）重点与难点：高速、高精度电主轴轴承的冷装、热装</td><td rowspan="2">8</td></tr>
<tr><td></td><td>2）高速、高精度电主轴轴承的热装方法</td></tr>
<tr><td></td><td rowspan="2">（6）高速、高精度电主轴装配和调试中动平衡仪的应用</td><td>1）动平衡仪检测结果的解读</td><td rowspan="2">（1）方法：讲授法、实训（练习）法
（2）重点与难点：根据动平衡仪检测结果调整高速、高精度电主轴</td><td rowspan="2">8</td></tr>
<tr><td></td><td>2）根据动平衡仪检测结果调整高速、高精度电主轴</td></tr>
<tr><td>1-3 机械装配与调试检查</td><td>（1）激光干涉仪、球杆仪等现代数字化检测设备在数控机床机械装配与调试精度检测中的应用</td><td>1）数控机床检验标准的解读
2）激光干涉仪的使用及数据处理
3）球杆仪的使用及数据处理
4）其他现代数字化检测设备的使用</td><td>（1）方法：讲授法、实训（练习）法
（2）重点与难点：球杆仪的使用及数据处理</td><td>6</td></tr>
</table>

续表

模块	课程	学习单元	课程内容	培训建议	课堂学时
1. 数控机床机械装配与调试	1-3 机械装配与调试检查	（2）数字化检测设备检测报告的误差分析及数控机床精度调整方案的编制与实施	1）数控机床精度误差的原因分析 2）数控机床综合精度调整方案的编制与实施	（1）方法：讲授法、实训（练习）法 （2）重点与难点：数控机床综合精度调整方案的编制与实施	4
2. 数控机床机械维修	2-1 机械维修准备	精密电子工具、检具等的选用	1）测量技术 2）精密电子工具、检具的使用方法及注意事项	（1）方法：讲授法、实训（练习）法 （2）重点与难点：精密电子工具、检具的使用方法及注意事项	2
	2-2 机械维修	（1）复杂、大型数控机床机械、液压（气动）系统疑难故障的诊断与排除	1）差动连接及调速回路疑难故障诊断与排除 2）液压伺服疑难故障诊断与排除 3）回转工作台疑难故障诊断与排除 4）机床平衡重系统疑难故障诊断与排除	（1）方法：讲授法、实训（练习）法 （2）重点与难点：复杂液压系统工作原理及疑难故障分析	12
		（2）机械维修中常见电气故障的排除	机械维修中常见电气故障的排除	（1）方法：讲授法 （2）重点与难点：机械维修中常见电气故障的排除	2
	2-3 机械维修检查	整机机械精度检测	1）复杂、大型数控机床精度检测及验收单填写 2）数控机床精度提升方案的编制	（1）方法：讲授法 （2）重点与难点：数控机床精度提升方案的编制	2
3. 新技术应用	新技术应用	（1）新工艺、新技术、新材料和新设备的应用与推广	1）柔性制造单元维修方法 2）高分子纳米填补修复技术 3）五轴机床刀尖跟随（RTCP）功能调试技术	（1）方法：讲授法、参观法 （2）重点：柔性制造单元维修方法 （3）难点：五轴机床刀尖跟随（RTCP）功能调试技术	4

续表

模块	课程	学习单元	课程内容	培训建议	课堂学时
3. 新技术应用	新技术应用	（2）新技术在数控机床改造中的应用	1）复杂机械结构工作原理及设计 2）复杂机械结构改造技术文件的编写	（1）方法：讲授法 （2）重点与难点：复杂机械结构工作原理及设计	4
		（3）应用一种计算机辅助设计与制造软件编制加工程序	1）UGNX12.0 软件的使用方法 2）使用 UGNX12.0 软件进行仿真加工	（1）方法：讲授法、实训（练习）法 （2）重点与难点：使用 UGNX12.0 软件进行仿真加工	24
		（4）根据零件特点设计机械手夹具	柔性、复杂夹具的设计	（1）方法：讲授法、实训（练习）法 （2）重点与难点：柔性、复杂夹具的设计	4
4. 培训与指导	4–1 指导操作	指导二级 / 技师及以下级别人员的实际操作	1）数控机床装调的操作指导 2）数控机床故障维修与改造的操作指导	（1）方法：讲授法 （2）重点：数控机床装调的操作指导 （3）难点：数控机床故障维修与改造的操作指导	2
	4–2 理论培训	（1）对二级 / 技师及以下级别人员进行专业理论培训	专业技术理论知识的讲授	（1）方法：讲授法 （2）重点与难点：专业技术理论知识的讲授	1
		（2）培训讲义的编写	培训讲义的编写方法	（1）方法：讲授法 （2）重点与难点：培训讲义的编写	1
5. 质量与生产管理	5–1 质量管理	（1）组织质量攻关	质量攻关的组织方法与措施	（1）方法：讲授法 （2）重点与难点：质量攻关的组织方法与措施	2
		（2）产品质量评审方案的提出	1）产品质量评审知识 2）产品质量评审方案的编写方法	（1）方法：讲授法 （2）重点：产品质量评审知识 （3）难点：产品质量评审方案的编写方法	2

续表

模块	课程	学习单元	课程内容	培训建议	课堂学时
5. 质量与生产管理	5-2 生产管理	调度及人员管理方案的提出	1）设备部分大修改造计划的编制 2）维修调度方案的编制 3）维修人员管理方案的编制	（1）方法：讲授法 （2）重点：维修调度方案的编制 （3）难点：维修人员管理方案的编制	4
课堂学时合计					129

（2）电气方向

模块	课程	学习单元	课程内容	培训建议	课堂学时
1. 数控机床电气装配与调试	1-1 电气装配与调试准备	（1）复杂数控机床机械、电气、液压（气动）系统原理图、电气接线图的识读	1）复杂数控机床机械总装图的识读 2）复杂数控机床部件装配图的识读 3）复杂数控机床液压（气动）系统原理图的识读	（1）方法：讲授法 （2）重点与难点：复杂数控机床液压（气动）系统原理图的识读	6
		（2）进口数控机床使用说明书的识读	1）数控机床专用外文词汇识读 2）进口数控机床使用说明书的识读方法	（1）方法：讲授法 （2）重点与难点：进口数控机床使用说明书的识读方法	2
		（3）高速、精密、大型数控机床电气装配与调试的工具、仪器和仪表的准备	特殊、专用调试工具、仪器和仪表的使用与选择方法	（1）方法：讲授法 （2）重点与难点：特殊、专用调试工具、仪器和仪表的使用与选择方法	4
	1-2 电气装配与调试	（1）复杂数控机床的操作与编程	1）复杂数控机床的操作 2）复杂零件加工程序的编制	（1）方法：讲授法、实训（练习）法 （2）重点与难点：复杂零件加工程序的编制	4
		（2）组织解决在装配高速、精密、大型数控机床中出现的电气疑难问题	1）调试软件的使用方法 2）疑难电气故障实例分析	（1）方法：讲授法、实训（练习）法 （2）重点与难点：疑难电气故障实例分析	8

续表

模块	课程	学习单元	课程内容	培训建议	课堂学时
1. 数控机床电气装配与调试	1-2 电气装配与调试	（3）电气故障的检测及故障点的判断	1）复杂电气故障的检测方法	（1）方法：讲授法、案例分析法 （2）重点与难点：机、电、液相关故障点的判断	12
			2）机、电、液相关故障点的判断		
		（4）新产品试制、装配和调试中问题的解决	1）新产品试制、装配和调试流程	（1）方法：讲授法 （2）重点与难点：新产品试制、装配和调试中问题的解决	4
			2）新产品试制、装配和调试流程中问题的分类		
			3）典型案例分析		
	1-3 电气装配与调试检查	（1）数控机床各项功能的检验	1）操作五轴及以上数控机床	（1）方法：讲授法、实训（练习）法 （2）重点与难点：系统功能的检验	4
			2）数控机床各项功能的检验		
		（2）电气装配与调整记录单的填写	电气装配与调整记录单的填写方法	（1）方法：讲授法 （2）重点与难点：电气装配与调整记录单的填写方法	1
2. 数控机床电气维修	2-1 电气维修准备	数控机床电气维修工具、量具、仪表和技术资料的准备	1）特殊电气维修工具、量具和仪表的使用方法	（1）方法：讲授法 （2）重点与难点：特殊电气维修工具、量具和仪表的相关知识及用法	2
			2）测量技术与应用		
	2-2 电气维修	（1）进口、复杂、大型数控机床疑难电气故障的排除与安全集成	1）进口、复杂、大型数控机床疑难电气故障的诊断与排除	（1）方法：讲授法 （2）重点：进口、复杂、大型数控机床疑难电气故障的诊断与排除 （3）难点：安全集成	12
			2）安全集成 ①急停继电器 ②安全门监控器 ③双手操作控制继电器		
		（2）数控机床维修中与电气故障相关的机械故障的排除	与电气故障相关的机械故障的处理方法	（1）方法：讲授法、案例法 （2）重点与难点：与电气故障相关的机械故障的处理方法	4

续表

模块	课程	学习单元	课程内容	培训建议	课堂学时
2. 数控机床电气维修	2-2 电气维修	（3）通过远程诊断解决疑难问题	远程诊断技术的应用	（1）方法：讲授法、案例法 （2）重点与难点：远程诊断技术的应用	6
	2-3 电气维修检查	数控机床电气故障修复情况的检查	1）复杂电气故障修复情况的检查方法 2）数控机床复杂电气故障维修验收单的填写方法	（1）方法：讲授法、案例法 （2）重点与难点：复杂电气故障修复情况的检查	1
3. 新技术应用	新技术应用	（1）新工艺、新技术、新材料和新设备的应用与推广	1）柔性制造单元维修方法 2）高分子纳米填补修复技术 3）远程监测诊断技术与预防性维修	（1）方法：讲授法、案例法、参观法 （2）重点：柔性制造单元维修方法 （3）难点：远程监测诊断技术与预防性维修	4
		（2）数控机床数据的采集与分析	1）数控机床数据的采集方法 2）数控机床数据的分析方法	（1）方法：讲授法 （2）重点与难点：数控机床数据的分析方法	4
		（3）新技术在数控机床改造中的应用	1）进口数控机床电气控制升级改造方案的编制 2）进口数控机床电气控制升级改造的实施	（1）方法：讲授法、案例法 （2）重点与难点：进口数控机床电气控制升级改造的实施	8
		（4）射频识别（RFID）技术在零件制造过程管理中的应用	射频识别（RFID）技术及其应用	（1）方法：讲授法 （2）重点与难点：射频识别（RFID）技术在零件制造过程管理中的应用	4
4. 培训与指导	4-1 指导操作	指导二级 / 技师及以下级别人员的实际操作	1）数控机床装调的操作指导 2）数控机床故障维修与改造的操作指导	（1）方法：讲授法 （2）重点：数控机床装调的操作指导 （3）难点：数控机床故障维修与改造的操作指导	2

续表

模块	课程	学习单元	课程内容	培训建议	课堂学时
4. 培训与指导	4–2 理论培训	（1）对二级/技师及以下级别人员进行专业理论培训	专业技术理论知识的讲授	（1）方法：讲授法 （2）重点与难点：专业技术理论知识的讲授	1
		（2）培训讲义的编写	培训讲义的编写方法	（1）方法：讲授法 （2）重点与难点：培训讲义的编写	1
5. 质量与生产管理	5–1 质量管理	（1）组织质量攻关	质量攻关的组织方法与措施	（1）方法：讲授法 （2）重点与难点：工件制造质量提升	2
		（2）产品质量评审方案的提出	1）产品质量评审知识	（1）方法：讲授法 （2）重点与难点：产品质量评审方案的编写	2
			2）产品质量评审方案的编写		
	5–2 生产管理	调度及人员管理方案的提出	1）设备部分大修改造计划的编制	（1）方法：讲授法 （2）重点：维修调度方案的编制 （3）难点：维修人员管理方案的编制	4
			2）维修调度方案的编制		
			3）维修人员管理方案的编制		
课堂学时合计					102

2.2.6 培训建议中培训方法说明

（1）讲授法。讲授法指培训教师主要运用语言方式，系统地向学员传授知识，传播思想理念。即教师通过叙述、描绘、解释、推论来传递信息、传授知识、阐明概念、论证定律和公式，引导学员获取知识，认识和分析问题。

（2）讨论法。讨论法指在教师的指导下，学员以班级或小组为单位，围绕学习单元的内容，对某一专题进行深入探讨，通过讨论或辩论活动，从而获得知识或巩固知识的一种教学方法，要求教师在讨论结束时对讨论的主题做归纳性总结。

（3）实训（练习）法。实训（练习）法指学员在教师的指导下巩固知识、运用知识、形成技能技巧的方法。通过实际操作的练习，形成操作技能。

（4）参观法。参观法指教师组织或指导学员进行实地观察、调查、研究和学习，使学员获得新知识或巩固已学知识的教学方法。参观教学法可细分为准备性参观、并行性参观、总结性参观等。

（5）演示法。演示法指在教学过程中，教师通过示范操作和讲解使学员获得知识、技能的教学方法。教学中，教师对操作内容进行现场演示，边操作边讲解，强调操作的关键步骤和注意事项，使学员边学边做，理论与技能并重，师生互动，提高学员的学习兴趣和学习效率。

（6）案例教学法。案例教学法指通过对案例进行分析，提出问题，分析问题，并找到解决问题的途径和手段，培养学员分析问题、处理问题的能力。

（7）项目教学法。项目教学法指以实际应用为目的，将理论知识与实际工作相结合，通过师生共同完成一个完整的项目工作，使学员获得知识和实践操作能力与解决实际问题能力的教学方法。其实施以小组为学习单位，一般分为确定项目任务、计划、决策、实施、检查和评价 6 个步骤。强调学员在学习过程中的主体地位，以学员为中心，以学员学习为主、教师指导为辅，通过完成教学项目，激发学员的学习积极性，使学员既获得相关理论知识，又掌握实践技能和工作方法，提高学员解决实际问题的综合能力。

（8）实物示教法。实物示教法指教师通过实物的操作演示或对学员实物操作演示的评价，实现对学员技能操作步骤和要领掌握情况的检查、纠错、修正，并演示正确操作方法的一种教学方法。

（9）观摩法。观摩法指让学员通过现场观摩、观看视频等形式，学习、获取知识、技能的一种教学方法。

2.3 考核规范

2.3.1 职业基本素质培训考核规范

考核范围	考核比重（%）	考核内容	考核比重（%）	考核单元
1. 职业道德	5	1-1　职业认知	2	职业认知
		1-2　职业道德与职业守则	3	职业道德与职业守则

续表

考核范围	考核比重（%）	考核内容	考核比重（%）	考核单元
2. 基础知识	95	2-1 基础理论知识	35	（1）机械识图知识
				（2）电气识图知识
				（3）公差配合与几何公差
				（4）金属材料及热处理基础知识
				（5）数控机床电气基础知识
				（6）金属切削刀具基础知识
				（7）液压与气动基础知识
				（8）测量与误差分析基础知识
				（9）计算机基础知识
				（10）专业外语
		2-2 机械装调基础知识	20	（1）钳工操作基础知识
				（2）数控机床机械结构基础知识
				（3）数控机床机械装配工艺基础知识
		2-3 电气装调基础知识	20	（1）电工操作基础知识
				（2）数控机床电气识图基础知识
				（3）数控机床电气装配基础知识
				（4）数控机床电气调试基础知识
				（5）数控机床操作与编程基础知识
		2-4 维修基础知识	10	（1）数控机床精度检测与调整基础知识
				（2）数控机床故障诊断与维修基础知识

续表

考核范围	考核比重（%）	考核内容	考核比重（%）	考核单元
2. 基础知识	95	2-5　安全文明生产与环境保护知识	5	（1）现场安全文明生产要求
				（2）安全操作与劳动保护知识
				（3）环境保护知识
		2-6　质量管理知识	3	质量管理知识
		2-7　相关法律、法规知识	2	相关法律、法规知识

2.3.2　四级 / 中级职业技能培训理论知识考核规范

（1）机械方向

考核范围	考核比重（%）	考核内容	考核比重（%）	考核单元
1. 数控机床机械能部件装配	35	1-1　机械功能部件装配准备	5	（1）零部件装配工艺卡的识读
				（2）轴、套、盘类零件图的绘制
				（3）按照装配要求选择工具、量具、工装等
		1-2　机械功能部件装配	20	（1）钻铰孔
				（2）螺纹加工
				（3）手工刃磨标准麻花钻
				（4）刮削平板
				（5）有配合、密封要求的零部件装配
				（6）有预紧力要求或有特殊要求的零部件装配
				（7）功能部件装配
		1-3　机械功能部件装配检查	10	（1）按照装配技术要求检查机械功能部件相关精度及功能
				（2）机械功能部件装配记录单的填写

续表

<table>
<tr><th>考核范围</th><th>考核比重（%）</th><th>考核内容</th><th>考核比重（%）</th><th>考核单元</th></tr>
<tr><td rowspan="7">2. 数控机床机械功能部件调整与整机调整</td><td rowspan="7">35</td><td>2-1　机械功能部件调整与整机调整准备</td><td>5</td><td>机械功能部件装配工艺卡及装配检查记录卡的识读</td></tr>
<tr><td rowspan="3">2-2　机械功能部件调整与整机调整</td><td rowspan="3">15</td><td>（1）机械功能部件装配后的试车调整</td></tr>
<tr><td>（2）进行一种型号数控系统的操作</td></tr>
<tr><td>（3）应用一种型号数控系统进行加工编程</td></tr>
<tr><td rowspan="3">2-3　机械功能部件调整与整机调整检查</td><td rowspan="3">15</td><td>（1）按照技术文件要求对数控机床进行水平检测与调整</td></tr>
<tr><td>（2）按照技术文件要求对数控机床的功能部件进行几何精度、定位精度等检测</td></tr>
<tr><td>（3）按照国家数控机床精度检测标准进行精度检测及填写相关机床检测报告单</td></tr>
<tr><td rowspan="8">3. 数控机床机械功能部件维修</td><td rowspan="8">30</td><td>3-1　机械功能部件维修准备</td><td>2</td><td>按照维修内容合理选择维修的工具、量具、工装等</td></tr>
<tr><td rowspan="4">3-2　机械功能部件维修</td><td rowspan="4">25</td><td>（1）功能部件的拆卸和再装配</td></tr>
<tr><td>（2）齿轮、花键轴、轴承、密封圈、弹簧、紧固件等的检修</td></tr>
<tr><td>（3）各种零部件配合间隙的检查与调整</td></tr>
<tr><td>（4）轴、套、盘类零件图的绘制</td></tr>
<tr><td rowspan="3">3-3　机械功能部件维修检查</td><td rowspan="3">3</td><td>（1）维修部件的功能检查</td></tr>
<tr><td>（2）利用仪器、仪表、检具等检查维修部件的几何精度</td></tr>
<tr><td>（3）根据加工精度评估功能部件维修质量及填写维修记录单</td></tr>
</table>

（2）电气方向

<table>
<tr><th>考核范围</th><th>考核比重（%）</th><th>考核内容</th><th>考核比重（%）</th><th>考核单元</th></tr>
<tr><td rowspan="3">1. 数控机床电气部件装配</td><td rowspan="3">40</td><td rowspan="3">1-1　电气部件装配准备</td><td rowspan="3">10</td><td>（1）数控机床电气原理图、电气布置图、电气接线图等的识读</td></tr>
<tr><td>（2）根据电气部件装配要求选择常用工具、仪器和仪表</td></tr>
<tr><td>（3）按照电气原理图要求选择电气元件及导线、电缆的规格</td></tr>
</table>

续表

考核范围	考核比重（%）	考核内容	考核比重（%）	考核单元
1. 数控机床电气部件装配	40	1-2　电气部件装配	25	（1）部件的配线与装配
				（2）标准麻花钻头的刃磨
				（3）在薄板上钻孔
				（4）根据电气布置图要求安装电气元件
				（5）按照电气原理图、电气接线图连接线路
				（6）使用电烙铁焊接电气元件
		1-3　电气部件装配检查	5	（1）检查电气元件安装的正确性
				（2）检查线路连接的正确性
				（3）检查电气元件、连接线路规格型号选择的正确性
				（4）利用相关仪器、仪表检查电气配电板连接的正确性
				（5）电气部件装配记录单的填写
2. 数控机床电气部件调试	25	2-1　电气部件调试准备	2	按照电气部件调试要求准备工具、仪器、仪表、机床资料等
		2-2　电气部件调试	15	（1）数控机床系统面板、操作面板的操作
				（2）数控机床一般功能的调试
				（3）应用一种型号数控系统进行加工编程
		2-3　电气部件调试检查	8	（1）按照相关图样要求对通电调试的数控机床线路检测点进行通电前电阻测试
				（2）按照相关图样要求对通电调试的数控机床线路检测点进行通电时电压测试
				（3）按照相关技术文件要求对数控机床进行功能检查
				（4）电气部件装配记录单的填写
3. 数控机床电气部件维修	35	3-1　电气部件维修准备	5	（1）数控机床电气原理图、电气布置图、电气接线图等的识读
				（2）数控机床操作说明书及维修操作手册的识读
				（3）故障设备维修现场考察及维修前工具、仪器、仪表的准备
				（4）相关维修设备安全作业规程的识读

续表

考核范围	考核比重（%）	考核内容	考核比重（%）	考核单元
3. 数控机床电气部件维修	35	3-2　电气部件维修	28	（1）部件线路的拆卸和再装配
				（2）电气维修中配线质量的检查及配线问题的解决
				（3）数控机床系统面板、操作面板的操作
				（4）使用数控机床诊断功能或可编程逻辑控制器梯形图（语句表）等分析故障
				（5）数控机床调试中常见电气故障的排除
		3-3　电气部件维修检查	2	（1）数控机床维修后的功能检查
				（2）维修记录单的填写

2.3.3　四级 / 中级职业技能培训操作技能考核规范

（1）机械方向

考核范围	考核比重（%）	考核内容	考核比重（%）	考核形式	重要程度	选考方式	考核时间（分钟）
1. 数控机床机械功能部件装配	35	1-1　机械功能部件装配准备	5	笔试	Y	必考	10
		1-2　机械功能部件装配	28	实操 + 笔试	X	必考	90
		1-3　机械功能部件装配检查	2	实操 + 笔试	X	必考	30
2. 数控机床机械功能部件调整与整机调整	35	2-1　机械功能部件调整与整机调整准备	2	笔试	Y	必考	10
		2-2　机械功能部件调整与整机调整	30	实操 + 笔试	X	必考	120
		2-3　机械功能部件调整与整机调整检查	3	实操 + 笔试	X	必考	30
3. 数控机床机械功能部件维修	30	3-1　机械功能部件维修准备	2	笔试	Y	必考	10
		3-2　机械功能部件维修	25	实操 + 笔试	X	必考	120
		3-3　机械功能部件维修检查	3	实操 + 笔试	X	必考	30

（2）电气方向

考核范围	考核比重（%）	考核内容	考核比重（%）	考核形式	重要程度	选考方式	考核时间（分钟）
1. 数控机床电气部件装配	35	1–1　电气部件装配准备	5	笔试	Y	必考	15
		1–2　电气部件装配	28	实操 + 笔试	X	必考	90
		1–3　电气部件装配检查	2	实操 + 笔试	X	必考	45
2. 数控机床电气部件调试	35	2–1　电气部件调试准备	2	笔试	Y	必考	15
		2–2　电气部件调试	30	实操 + 笔试	X	必考	45
		2–3　电气部件调试检查	3	实操 + 笔试	X	必考	60
3. 数控机床电气部件维修	30	3–1　电气部件维修准备	3	笔试	Y	必考	15
		3–2　电气部件维修	25	实操 + 笔试	X	必考	120
		3–3　电气部件维修检查	2	实操 + 笔试	X	必考	45

说明：“重要程度”一栏中，“X”表示核心要素，是鉴定中最重要、出现频率最高的内容，具有必要性、典型性的特点；“Y”表示一般要素，是鉴定中一般重要的内容；“Z”表示辅助要素，是鉴定中重要程度较低的内容。

2.3.4　三级 / 高级职业技能培训理论知识考核规范

（1）机械方向

考核范围	考核比重（%）	考核内容	考核比重（%）	考核单元
1. 数控机床机械总装	35	1–1　机械总装准备	10	（1）数控机床部件装配图和总装配图的识读
				（2）连接件装配图的绘制
				（3）根据整机装配要求准备工具、量具、检具、工装等
		1–2　机械总装	15	（1）刮削平板
				（2）按照工艺规范要求完成一种型号以上数控机床机械功能部件与床身的总装配
				（3）在数控机床总装过程中进行几何精度的检测及一般误差的分析和调整

续表

<table>
<tr><th>考核范围</th><th>考核比重（%）</th><th>考核内容</th><th>考核比重（%）</th><th>考核单元</th></tr>
<tr><td>1. 数控机床机械总装</td><td>35</td><td>1-3　机械总装检查</td><td>10</td><td>按照国家数控机床精度检验标准对机床整机进行几何精度检测</td></tr>
<tr><td rowspan="10">2. 数控机床整机调整与验收</td><td rowspan="10">35</td><td rowspan="3">2-1　整机调整准备</td><td rowspan="3">15</td><td>（1）数控机床电气原理图、电气接线图的识读</td></tr>
<tr><td>（2）两种型号以上数控系统的操作</td></tr>
<tr><td>（3）两种型号以上数控系统的加工编程</td></tr>
<tr><td rowspan="6">2-2　整机调整</td><td rowspan="6">15</td><td>（1）数控机床总装几何精度、定位精度的检测和调整</td></tr>
<tr><td>（2）数控机床切削性能的调整</td></tr>
<tr><td>（3）试切工件的加工</td></tr>
<tr><td>（4）加工工件检测、误差原因分析及机床调整</td></tr>
<tr><td>（5）三坐标测量报告、激光检测报告的识读及一般误差的分析和调整</td></tr>
<tr><td>（6）用计算机辅助设计与制造软件进行仿真加工并生成加工程序</td></tr>
<tr><td>2-3　整机验收</td><td>5</td><td>按照国家数控机床精度检验标准对机床整机进行精度检验</td></tr>
<tr><td rowspan="8">3. 数控机床机械维修</td><td rowspan="8">30</td><td rowspan="3">3-1　机械维修准备</td><td rowspan="3">10</td><td>（1）数控机床部件装配图和总装配图的识读</td></tr>
<tr><td>（2）数控机床电气原理图和电气接线图的识读</td></tr>
<tr><td>（3）数控机床液压与气动原理图的识读</td></tr>
<tr><td rowspan="4">3-2　机械维修</td><td rowspan="4">15</td><td>（1）数控机床整机拆卸与组装</td></tr>
<tr><td>（2）通过数控机床诊断功能判断常见机械、电气、液压和气动控制故障</td></tr>
<tr><td>（3）数控机床机械故障的排除</td></tr>
<tr><td>（4）数控机床强电故障的排除</td></tr>
<tr><td>3-3　机械维修检查</td><td>5</td><td>按照国家数控机床精度检验标准对机床整机进行精度检验</td></tr>
</table>

（2）电气方向

<table>
<tr><th>考核范围</th><th>考核比重（%）</th><th>考核内容</th><th>考核比重（%）</th><th>考核单元</th></tr>
<tr><td rowspan="9">1. 数控机床整机电气装配</td><td rowspan="9">32</td><td rowspan="4">1–1　整机电气装配准备</td><td rowspan="4">10</td><td>（1）数控机床电气总装配图的识读</td></tr>
<tr><td>（2）数控机床液压与气动原理图的识读</td></tr>
<tr><td>（3）与电气相关的机械图识读</td></tr>
<tr><td>（4）数控机床整机电气装配前的工具、仪器、仪表及相关技术文件的准备</td></tr>
<tr><td rowspan="3">1–2　整机电气装配</td><td rowspan="3">20</td><td>（1）按照电气装配技术文件要求进行数控机床的配电板、变压器、数控装置、电源等部件的安装</td></tr>
<tr><td>（2）数控机床各部件的连接</td></tr>
<tr><td>（3）按照相关技术文件要求进行屏蔽线、接地线等的连接</td></tr>
<tr><td rowspan="2">1–3　整机电气装配检查</td><td rowspan="2">2</td><td>（1）通电前短路检测及接地电阻值检测</td></tr>
<tr><td>（2）按照技术文件规定检测相关检测点的电阻值</td></tr>
<tr><td rowspan="10">2. 数控机床整机电气调试</td><td rowspan="10">36</td><td rowspan="2">2–1　整机电气调试准备</td><td rowspan="2">6</td><td>（1）数控机床安装调试手册的识读</td></tr>
<tr><td>（2）数控机床整机电气调试前工具、仪器、仪表及相关技术文件的准备</td></tr>
<tr><td rowspan="6">2–2　整机电气调试</td><td rowspan="6">20</td><td>（1）数控系统通信与数据备份及恢复</td></tr>
<tr><td>（2）数控机床调试中系统及可编程逻辑控制器的应用</td></tr>
<tr><td>（3）数控机床调试中机床诊断功能的应用</td></tr>
<tr><td>（4）试件加工程序的编制</td></tr>
<tr><td>（5）数控机床试车</td></tr>
<tr><td>（6）试车与工件加工</td></tr>
<tr><td rowspan="2">2–3　整机电气调试检查</td><td rowspan="2">10</td><td>（1）数控机床电气调试中控制功能的检查</td></tr>
<tr><td>（2）整机电气调试记录单的填写</td></tr>
</table>

续表

考核范围	考核比重（%）	考核内容	考核比重（%）	考核单元
3. 数控机床电气维修	32	3–1　电气维修准备	10	（1）数控机床电气布置图、电气原理图和电气接线图的识读
				（2）数控机床电气总装配图的识读
				（3）数控机床液压与气动原理图的识读
				（4）与电气相关的机械图识读
		3–2　电气维修	20	（1）电气故障检查中仪器、仪表的应用
				（2）电气故障检查中数控系统诊断功能和可编程逻辑控制器梯形图的应用
				（3）数控机床常见强、弱电气故障的维修
		3–3　电气维修检查	2	数控机床故障修复情况的检查及机床维修验收单的填写

2.3.5　三级 / 高级职业技能培训操作技能考核规范

（1）机械方向

考核范围	考核比重（%）	考核内容	考核比重（%）	考核形式	重要程度	选考方式	考核时间（分钟）
1. 数控机床机械总装	30	1–1　机械总装准备	5	笔试	Y	必考	10
		1–2　机械总装	20	实操 + 笔试	X	必考	90
		1–3　机械总装检查	5	实操 + 笔试	X	必考	30
2. 数控机床整机调整与验收	35	2–1　整机调整准备	8	笔试	Y	必考	10
		2–2　整机调整	24	实操 + 笔试	X	必考	120
		2–3　整机验收	3	实操 + 笔试	X	必考	30
3. 数控机床机械维修	35	3–1　机械维修准备	5	笔试	Y	必考	10
		3–2　机械维修	27	实操 + 笔试	X	必考	120
		3–3　机械维修检查	3	实操 + 笔试	X	必考	30

（2）电气方向

考核范围	考核比重（%）	考核内容	考核比重（%）	考核形式	重要程度	选考方式	考核时间（分钟）
1. 数控机床整机电气装配	30	1-1　整机电气装配准备	5	笔试	Y	必考	10
		1-2　整机电气装配	20	实操 + 笔试	X	必考	90
		1-3　整机电气装配检查	5	实操 + 笔试	Y	必考	30
2. 数控机床整机电气调试	35	2-1　整机电气调试准备	3	笔试	Y	必考	10
		2-2　整机电气调试	24	实操 + 笔试	X	必考	120
		2-3　整机电气调试检查	8	实操 + 笔试	X	必考	30
3. 数控机床电气维修	35	3-1　电气维修准备	5	笔试	Y	必考	10
		3-2　电气维修	27	实操 + 笔试	X	必考	120
		3-3　电气维修检查	3	实操 + 笔试	Y	必考	30

2.3.6　二级 / 技师职业技能培训理论知识考核规范

（1）机械方向

考核范围	考核比重（%）	考核内容	考核比重（%）	考核单元
1. 数控机床机械装配与调整	50	1-1　机械装配与调整前准备	10	（1）一般装配夹具、胎具的设计与制造
				（2）机械图样的绘制
				（3）电气识图
				（4）液压（气动）识图
				（5）进口数控机床产品简要机械说明书的识读
				（6）数控机床机械装配与调整工艺规程的编制
		1-2　机械装配与调整	20	（1）数控机床的机械总装与调整
				（2）数控系统加工编程
				（3）试制新产品的机械装配与调试
				（4）数控机床可编程逻辑控制器
				（5）机械装配关系及改进
				（6）数控机床日常维护保养

续表

考核范围	考核比重（%）	考核内容	考核比重（%）	考核单元
1. 数控机床机械装配与调整	50	1-3　机械装配与调整检查	20	（1）数控机床精度检测
				（2）数控机床精度误差分析与调整
2. 数控机床机械维修	16	2-1　机械维修准备	2	数控机床机械维修专用工具、量具、工装和检具的选择与使用方法
		2-2　机械维修	12	（1）复杂数控机床液压和气动故障的排除
				（2）数控机床的大修
				（3）高速、精密、大型数控机床的维护保养
				（4）高速、精密、大型数控机床易损件的更换与维修
				（5）复杂数控机床常见电气线路故障的排除
		2-3　机械维修检查	2	数控机床维修验收
3. 数控机床机械技术改造	24	3-1　机械技术改造准备	2	数控机床机械改造常用工具、量具和仪表的选择与使用方法
		3-2　机械技术改造	20	（1）数控机床机械结构工艺改进
				（2）机械零部件测绘
				（3）电主轴的安装与调试
				（4）使用力矩电动机改造蜗轮、蜗杆传动机构
		3-3　机械技术改造验收	2	数控机床机械技术改造验收
4. 培训与指导	6	4-1　指导操作	3	指导本职业三级 / 高级及以下级别人员的实际操作
		4-2　理论培训	3	（1）培训大纲的编写
				（2）专业技术理论知识的讲授
5. 质量与生产管理	4	5-1　质量管理	2	（1）数控机床装调维修质量标准
				（2）数控机床装调维修操作质量分析与控制
		5-2　生产管理	2	生产管理

（2）电气方向

考核范围	考核比重（%）	考核内容	考核比重（%）	考核单元
1. 数控机床电气装配与调整	44	1-1　电气装配与调整前准备	15	（1）复杂数控机床机械总装图、部件装配图、液压（气动）系统原理图的识读
				（2）简单机械零件图的绘制
				（3）进口数控机床产品简要电气说明书的识读
				（4）电气装配工艺规程的编制
		1-2　电气装配与调整	25	（1）数控系统加工编程
				（2）数控系统进给误差补偿
				（3）进给轴伺服优化
				（4）数控机床电气新技术
				（5）新产品的电气装配与调试
				（6）质量问题的分析
		1-3　电气装配与调整检查	4	电气装配与调整检查
2. 数控机床电气维修	19	2-1　电气维修前准备	2	电气维修前准备
		2-2　电气维修	15	（1）电气、液压（气动）控制系统故障的排除
				（2）数控机床常见机械故障的排除
		2-3　电气维修检查	2	电气维修检查
3. 数控机床电气技术改造	27	3-1　电气技术改造前准备	2	电气技术改造常用工具、仪器和仪表的选择与使用方法
		3-2　电气技术改造	23	（1）数控机床电气系统改进方法
				（2）数控系统联网及数据采集系统的改造
				（3）力矩电动机的使用
				（4）电主轴的连接与调试
				（5）电气控制线路的设计
		3-3　电气技术改造验收	2	电气技术改造验收

续表

考核范围	考核比重（%）	考核内容	考核比重（%）	考核单元
4. 培训与指导	6	4-1　指导操作	3	指导本职业三级 / 高级及以下级别人员的实际操作
		4-2　理论培训	3	（1）培训大纲的编写
				（2）专业技术理论知识的讲授
5. 质量与生产管理	4	5-1　质量管理	2	（1）数控机床装调维修质量标准
				（2）数控机床装调维修操作质量分析与控制
		5-2　生产管理	2	生产管理

2.3.7　二级 / 技师职业技能培训操作技能考核规范

（1）机械方向

考核范围	考核比重（%）	考核内容	考核比重（%）	考核形式	重要程度	选考方式	考核时间（分钟）
1. 数控机床机械装配与调整	35	1-1　机械装配与调整前准备	5	笔试	Y	必考	10
		1-2　机械装配与调整	20	实操 + 笔试	X	必考	90
		1-3　机械装配与调整检查	10	实操 + 笔试	X	必考	30
2. 数控机床机械维修	35	2-1　机械维修准备	2	笔试	Y	必考	10
		2-2　机械维修	30	实操 + 笔试	X	必考	120
		2-3　机械维修检查	3	笔试	Y	必考	15
3. 数控机床机械技术改造	20	3-1　机械技术改造准备	1	笔试	Y	必考	10
		3-2　机械技术改造	15	实操 + 笔试	X	必考	120
		3-3　机械技术改造验收	4	笔试	Y	必考	15
4. 培训与指导	5	4-1　指导操作	2.5	笔试 + 口试	X	必考	30
		4-2　理论培训	2.5	笔试 + 口试	X	必考	30
5. 质量与生产管理	5	5-1　质量管理	3	笔试 + 口试	X	必考	30
		5-2　生产管理	2	笔试 + 口试	X	必考	30

（2）电气方向

考核范围	考核比重（%）	考核内容	考核比重（%）	考核形式	重要程度	选考方式	考核时间（分钟）
1. 数控机床电气装配与调整	35	1-1　电气装配与调整前准备	3	笔试	Y	必考	10
		1-2　电气装配与调整	28	笔试 + 实操	X	必考	90
		1-3　电气装配与调整检查	4	笔试 + 实操	X	必考	30
2. 数控机床电气维修	35	2-1　电气维修前准备	2	笔试	Y	必考	10
		2-2　电气维修	25	笔试 + 实操	X	必考	120
		2-3　电气维修检查	8	笔试	X	必考	15
3. 数控机床电气技术改造	20	3-1　电气技术改造前准备	1	笔试	Y	必考	10
		3-2　电气技术改造	15	笔试 + 实操	X	必考	120
		3-3　电气技术改造验收	4	笔试	X	必考	15
4. 培训与指导	5	4-1　指导操作	2.5	笔试 + 口试	X	必考	30
		4-2　理论培训	2.5	笔试 + 口试	X	必考	30
5. 质量与生产管理	5	5-1　质量管理	3	笔试 + 口试	X	必考	30
		5-2　生产管理	2	笔试 + 口试	X	必考	30

2.3.8　一级 / 高级技师职业技能培训理论知识考核规范

（1）机械方向

考核范围	考核比重（%）	考核内容	考核比重（%）	考核单元
1. 数控机床机械装配与调试	40	1-1　机械装配与调试准备	15	（1）复杂数控机床的机械、电气、液压（气动）系统原理图、电气接线图的识读
				（2）进口数控机床使用说明书的识读
				（3）高速、精密、大型数控机床装配与调试的专用工具、量具、夹具、胎具等的准备
				（4）高速电主轴装配与调试的工装、动平衡仪等设备的准备

续表

考核范围	考核比重（%）	考核内容	考核比重（%）	考核单元
1. 数控机床机械装配与调试	40	1–2　机械装配与调试	15	（1）数控机床操作与编程
				（2）组织解决高速、精密、大型数控设备装配中出现的疑难问题
				（3）组织解决新产品装配和调整中出现的重大疑难问题
				（4）高速、高精密陶瓷轴承装配
				（5）高速、高精度电主轴轴承的冷装、热装
				（6）高速、高精度电主轴装配和调试中动平衡仪的应用
		1–3　机械装配与调试检查	10	（1）激光干涉仪、球杆仪等现代数字化检测设备在数控机床机械装配与调试精度检测中的应用
				（2）数字化检测设备检测报告的误差分析及数控机床精度调整方案的编制与实施
2. 数控机床机械维修	30	2–1　机械维修准备	10	精密电子工具、检具等的选用
		2–2　机械维修	15	（1）复杂、大型数控机床机械、液压（气动）系统疑难故障的诊断与排除
				（2）机械维修中常见电气故障的排除
		2–3　机械维修检查	5	整机机械精度检测
3. 新技术应用	16	新技术应用	16	（1）新工艺、新技术、新材料和新设备的应用与推广
				（2）新技术在数控机床改造中的应用
				（3）应用一种计算机辅助设计与制造软件编制加工程序
				（4）根据零件特点设计机械手夹具
4. 培训与指导	6	4–1　指导操作	3	指导二级 / 技师及以下级别人员的实际操作
		4–2　理论培训	3	（1）对二级 / 技师及以下级别人员进行专业理论培训
				（2）培训讲义的编写

续表

考核范围	考核比重（%）	考核内容	考核比重（%）	考核单元
5. 质量与生产管理	8	5-1　质量管理	4	（1）组织质量攻关
				（2）产品质量评审方案的提出
		5-2　生产管理	4	调度及人员管理方案的提出

（2）电气方向

考核范围	考核比重（%）	考核内容	考核比重（%）	考核单元
1. 数控机床电气装配与调试	35	1-1　电气装配与调试准备	10	（1）复杂数控机床机械、电气、液压（气动）系统原理图、电气接线图的识读
				（2）进口数控机床使用说明书的识读
				（3）高速、精密、大型数控机床电气装配与调试的工具、仪器和仪表的准备
		1-2　电气装配与调试	15	（1）复杂数控机床的操作与编程
				（2）组织解决在装配高速、精密、大型数控机床中出现的电气疑难问题
				（3）电气故障检测及故障点的判断
				（4）新产品试制、装配和调试中问题的解决
		1-3　电气装配与调试检查	10	（1）数控机床各项功能的检验
				（2）电气装配与调整记录单的填写
2. 数控机床电气维修	35	2-1　电气维修准备	10	数控机床电气维修工具、量具、仪表和技术资料的准备
		2-2　电气维修	20	（1）进口、复杂、大型数控机床疑难电气故障的排除与安全集成
				（2）数控机床维修中与电气故障相关的机械故障的排除
				（3）通过远程诊断解决疑难问题
		2-3　电气维修检查	5	数控机床电气故障修复情况的检查

续表

考核范围	考核比重（%）	考核内容	考核比重（%）	考核单元
3. 新技术应用	16	新技术应用	16	（1）新工艺、新技术、新材料和新设备的应用与推广
				（2）数控机床数据的采集与分析
				（3）新技术在数控机床改造中的应用
				（4）射频识别（RFID）技术在零件制造过程管理中的应用
4. 培训与指导	6	4–1　指导操作	3	指导二级 / 技师及以下级别人员的实际操作
		4–2　理论培训	3	（1）对二级 / 技师及以下级别人员进行专业理论培训
				（2）培训讲义的编写
5. 质量与生产管理	8	5–1　质量管理	4	（1）组织质量攻关
				（2）产品质量评审方案的提出
		5–2　生产管理	4	调度及人员管理方案的提出

2.3.9　一级 / 高级技师职业技能培训操作技能考核规范

（1）机械方向

考核范围	考核比重（%）	考核内容	考核比重（%）	考核形式	重要程度	选考方式	考核时间（分钟）
1. 数控机床机械装配与调试	35	1–1　机械装配与调试准备	5	笔试	X	必考	10
		1–2　机械装配与调试	25	实操 + 笔试	X	必考	120
		1–3　机械装配与调试检查	5	实操 + 笔试	X	必考	30
2. 数控机床机械维修	35	2–1　机械维修准备	3	笔试	Y	必考	10
		2–2　机械维修	26	实操 + 笔试	X	必考	120
		2–3　机械维修检查	6	实操 + 笔试	X	必考	30

续表

考核范围	考核比重（%）	考核内容	考核比重（%）	考核形式	重要程度	选考方式	考核时间（分钟）
3. 新技术应用	20	新技术应用	20	笔试 + 实操	X	必考	120
4. 培训与指导	5	4-1　指导操作	2	笔试 + 口试	X	必考	30
		4-2　理论培训	3	笔试 + 口试	X	必考	30
5. 质量与生产管理	5	5-1　质量管理	3	笔试 + 口试	X	必考	30
		5-2　生产管理	2	笔试 + 口试	X	必考	30

（2）电气方向

考核范围	考核比重（%）	考核内容	考核比重（%）	考核形式	重要程度	选考方式	考核时间（分钟）
1. 数控机床电气装配与调试	35	1-1　电气装配与调试准备	3	笔试	Y	选考	10
		1-2　电气装配与调试	30	实操 + 笔试	X	必考	120
		1-3　电气装配与调试检查	2	笔试	Y	必考	30
2. 数控机床电气维修	35	2-1　电气维修准备	2	笔试	Y	必考	10
		2-2　电气维修	30	实操 + 笔试	X	必考	120
		2-3　电气维修检查	3	实操 + 笔试	Y	必考	30
3. 新技术应用	20	新技术应用	20	实操 + 笔试	X	必考	120
4. 培训与指导	5	4-1　指导操作	2	笔试 + 口试	X	必考	30
		4-2　理论培训	3	笔试 + 口试	X	必考	30
5. 质量与生产管理	5	5-1　质量管理	3	笔试 + 口试	X	必考	30
		5-2　生产管理	2	笔试 + 口试	X	必考	30

培训要求与课程规范对照表

附录 1　职业基本素质培训要求与课程规范对照表

<table>
<tr><th colspan="3">2.1.1　职业基本素质培训要求</th><th colspan="4">2.2.1　职业基本素质培训课程规范</th></tr>
<tr><th>职业基本素质模块（模块）</th><th>培训内容（课程）</th><th>培训细目</th><th>学习单元</th><th>课程内容</th><th>培训建议</th><th>课堂学时</th></tr>
<tr><td rowspan="5">1. 职业道德</td><td rowspan="2">1-1　职业认知</td><td>（1）数控机床装调维修的概念</td><td rowspan="2">职业认知</td><td>1）数控机床装调维修的概念</td><td rowspan="2">（1）方法：讲授法
（2）重点与难点：数控机床装调维修工的工作内容</td><td rowspan="2">1</td></tr>
<tr><td>（2）数控机床装调维修工的工作内容</td><td>2）数控机床装调维修工的工作内容</td></tr>
<tr><td rowspan="3">1-2　职业道德与职业守则</td><td>（1）职业道德的内涵、基本要素和特征</td><td rowspan="3">职业道德与职业守则</td><td>1）职业道德的内涵、基本要素和特征</td><td rowspan="3">（1）方法：讲授法、讨论法
（2）重点与难点：数控机床装调维修工的职业守则</td><td rowspan="3">1</td></tr>
<tr><td>（2）职业道德基本规范</td><td>2）职业道德基本规范</td></tr>
<tr><td>（3）数控机床装调维修工的职业守则</td><td>3）数控机床装调维修工的职业守则</td></tr>
<tr><td rowspan="6">2. 基础知识</td><td rowspan="6">2-1　基础理论知识</td><td rowspan="3">（1）机械识图知识</td><td rowspan="3">（1）机械识图知识</td><td>1）三视图的识读
①剖视图与剖面图的识读
②尺寸及标注</td><td rowspan="3">（1）方法：讲授法
（2）重点：三视图的识读
（3）难点：零件图与装配图</td><td rowspan="3">16</td></tr>
<tr><td>2）零件图的识读</td></tr>
<tr><td>3）装配图的识读</td></tr>
<tr><td rowspan="3">（2）电气识图知识</td><td rowspan="3">（2）电气识图知识</td><td>1）电气图基本概念
①电气图的分类
②常见电气元件图形符号与文字符号</td><td rowspan="3">（1）方法：讲授法
（2）重点：电气图基本概念及数控机床电气接线图的识读
（3）难点：数控机床电气接线图的识读</td><td rowspan="3">16</td></tr>
<tr><td>2）数控机床电气原理图的识读
①电气原理图的页面结构（位置代号和功能代号）
②主回路电气原理图的识读方法
③控制回路电气原理图的识读方法</td></tr>
<tr><td>3）数控机床电气接线图的识读
①电气接线图的页面结构
②电气接线图的识读方法</td></tr>
</table>

续表

2.1.1 职业基本素质培训要求			2.2.1 职业基本素质培训课程规范			
职业基本素质模块（模块）	培训内容（课程）	培训细目	学习单元	课程内容	培训建议	课堂学时
2. 基础知识	2–1 基础理论知识	（3）公差配合与几何公差	（3）公差配合与几何公差	1）公差配合 ①公差带 ②公差标准 ③标注及查表方法 2）几何公差 ①项目符号 ②识读及测量方法	（1）方法：讲授法 （2）重点与难点：公差配合与几何公差	4
		（4）金属材料及热处理基础知识	（4）金属材料及热处理基础知识	1）金属材料性能 2）钢的热处理 3）铁碳合金相图 4）有色金属知识	（1）方法：讲授法 （2）重点与难点：热处理及铁碳合金	2
		（5）数控机床电气基础知识	（5）数控机床电气基础知识	1）常用数控机床电气元件知识 2）数控机床电气主回路知识 3）数控机床电气控制回路知识	（1）方法：讲授法 （2）重点与难点：数控机床电气主回路与控制回路知识	8
		（6）金属切削刀具基础知识	（6）金属切削刀具基础知识	1）金属切削原理 ①主运动 ②进给运动 ③切削用量三要素 2）金属切削刀具分类及选用 ①刀具角度 ②刀具材料	（1）方法：讲授法 （2）重点与难点：金属切削刀具基础知识	4
		（7）液压与气动基础知识	（7）液压与气动基础知识	1）液压传动基本原理 2）液压元件结构原理及用法 3）液压基本回路知识 4）气动基础知识	（1）方法：讲授法 （2）重点与难点：液压与气动基础知识	6
		（8）测量与误差分析基础知识	（8）测量与误差分析基础知识	1）机床精度测量 ①几何精度测量 ②数控精度测量 ③工作精度测量 2）数控机床精度误差分析	（1）方法：讲授法 （2）重点：数控机床精度测量 （3）难点：数控机床精度误差分析	4

续表

2.1.1 职业基本素质培训要求			2.2.1 职业基本素质培训课程规范			
职业基本素质模块（模块）	培训内容（课程）	培训细目	学习单元	课程内容	培训建议	课堂学时
2. 基础知识	2-1 基础理论知识	（9）计算机基础知识	（9）计算机基础知识	1）计算机工作原理及硬件组成 2）计算机与数控机床的关联 3）数控机床装调维修相关软件介绍	（1）方法：讲授法 （2）重点与难点：数控机床装调维修相关软件介绍	2
		（10）专业外语	（10）专业外语	1）专业英语词汇 2）简单的专业德语词汇	（1）方法：讲授法 （2）重点与难点：专业英语词汇	1
	2-2 机械装调基础知识	（1）钳工操作基础知识	（1）钳工操作基础知识	1）钳工常用工量具 2）钳工常用设备 3）钳工操作技能 ①辅助性操作 ②切削性操作 ③装配性操作 ④维修性操作	（1）方法：讲授法 （2）重点：钳工常用工量具 （3）难点：钳工操作技能	2
		（2）数控机床机械结构基础知识	（2）数控机床机械结构基础知识	1）数控机床基础支承件 2）数控机床主传动系统 3）数控机床进给传动系统 4）数控机床辅助装置	（1）方法：讲授法 （2）重点与难点：数控机床机械结构基础知识	4
		（3）数控机床机械装配工艺基础知识	（3）数控机床机械装配工艺基础知识	1）数控机床机械装配工艺流程 2）数控机床机械装配尺寸链 3）数控机床机械装配方法 ①互换装配法 ②选择装配法 ③修配装配法 ④调整装配法	（1）方法：讲授法 （2）重点：数控机床机械装配工艺流程 （3）难点：数控机床机械装配方法	2
	2-3 电气装调基础知识	（1）电工操作基础知识	（1）电工操作基础知识	1）GB 5226.1《机械电气安全 机械电气设备 第1部分：通用技术条件》相关知识	（1）方法：讲授法 （2）重点与难点：电工操作基础知识	3

续表

2.1.1 职业基本素质培训要求			2.2.1 职业基本素质培训课程规范			
职业基本素质模块（模块）	培训内容（课程）	培训细目	学习单元	课程内容	培训建议	课堂学时
2. 基础知识	2–3 电气装调基础知识	（1）电工操作基础知识	（1）电工操作基础知识	2）电工操作基础知识 ①安全用电知识 ②电工常用工具 ③电工常用仪表 ④常见数控机床电气元件 ⑤电动机及其控制	（1）方法：讲授法 （2）重点与难点：电工操作基础知识	3
		（2）数控机床电气识图基础知识	（2）数控机床电气识图基础知识	1）数控机床电气图的识读	（1）方法：讲授法 （2）重点与难点：典型数控机床电气控制电路	4
				2）典型数控机床电气控制电路 ①正反转 ②星三角减压启动 ③往复运动		
		（3）数控机床电气装配基础知识	（3）数控机床电气装配基础知识	1）数控机床电气装配技术规范 ①电气柜（电气元件）布局及安装规范 ②导线布局及接线规范 ③电源电气连接 ④伺服系统电气连接	（1）方法：讲授法 （2）重点与难点：数控机床电气装配技术规范	4
				2）数控机床电气装配安全操作		
		（4）数控机床电气调试基础知识	（4）数控机床电气调试基础知识	1）数控机床电气调试基本流程	（1）方法：讲授法 （2）重点与难点：数控机床电气调试基本流程	1
				2）数控机床电气调试安全操作		
		（5）数控机床操作与编程基础知识	（5）数控机床操作与编程基础知识	1）数控机床操作基础知识	（1）方法：讲授法 （2）重点：数控机床操作 （3）重点与难点：数控机床编程	1
				2）数控机床编程基础知识		

续表

2.1.1 职业基本素质培训要求			2.2.1 职业基本素质培训课程规范			
职业基本素质模块（模块）	培训内容（课程）	培训细目	学习单元	课程内容	培训建议	课堂学时
2. 基础知识	2-4 维修基础知识	（1）数控机床精度检测与调整基础知识	（1）数控机床精度检测与调整基础知识	1）数控机床精度检测 ① GB/T 16462.1《数控车床和车削中心检验条件 第1部分：卧式机床几何精度检验》相关知识 ② GB/T 18400.2《加工中心检验条件 第2部分：立式或带垂直主回转轴的万能主轴头机床几何精度检验（垂直Z轴）》相关知识	（1）方法：讲授法 （2）重点：数控机床精度检测 （3）难点：数控机床精度调整	1
				2）数控机床精度调整		
		（2）数控机床故障诊断与维修基础知识	（2）数控机床故障诊断与维修基础知识	1）数控机床故障诊断基础知识	（1）方法：讲授法 （2）重点：数控机床故障诊断 （3）重点与难点：数控机床故障维修	1
				2）数控机床故障维修基础知识		
	2-5 安全文明生产与环境保护知识	（1）现场安全文明生产要求	（1）现场安全文明生产要求	现场安全文明生产要求	（1）方法：讲授法 （2）重点与难点：现场安全文明生产要求	1
		（2）安全操作与劳动保护知识	（2）安全操作与劳动保护知识	1）安全操作	（1）方法：讲授法 （2）重点与难点：安全操作与劳动保护知识	1
				2）劳动保护		
		（3）环境保护知识	（3）环境保护知识	环境保护	（1）方法：讲授法 （2）重点与难点：环境保护	1
	2-6 质量管理知识	（1）企业质量目标	质量管理知识	1）企业质量目标	（1）方法：讲授法 （2）重点与难点：质量管理知识	1
		（2）岗位质量要求		2）岗位质量要求		
		（3）岗位质量保证措施与责任		3）岗位质量保证措施与责任		

续表

2.1.1 职业基本素质培训要求			2.2.1 职业基本素质培训课程规范			
职业基本素质模块（模块）	培训内容（课程）	培训细目	学习单元	课程内容	培训建议	课堂学时
2. 基础知识	2–7 相关法律、法规知识	（1）《中华人民共和国劳动法》相关知识	相关法律、法规知识	1）《中华人民共和国劳动法》相关知识	（1）方法：讲授法 （2）重点与难点：相关法律、法规知识	1
		（2）《中华人民共和国合同法》相关知识		2）《中华人民共和国合同法》相关知识		
课堂学时合计						93

附录 2 四级 / 中级职业技能培训要求与课程规范对照表

（1）机械方向

2.1.2 四级 / 中级职业技能培训要求				2.2.2 四级 / 中级职业技能培训课程规范			
职业功能模块（模块）	培训内容（课程）	技能目标	培训细目	学习单元	课程内容	培训建议	课堂学时
1. 数控机床机械功能部件装配	1–1 机械功能部件装配准备	1–1–1 能读懂零部件装配工艺卡	识读工艺卡装配流程	（1）零部件装配工艺卡的识读	1）零部件装配工艺的识读	（1）方法：讲授法 （2）重点与难点：功能部件装配工艺	1
					2）零部件装配标准的识读		
		1–1–2 能绘制轴、套、盘类零件图	绘制轴、套、盘类零件图	（2）轴、套、盘类零件图的绘制	1）轴类零件的绘制	（1）方法：讲授法 （2）重点与难点：轴、套、盘类零件的一般画法	2
					2）套类零件的绘制		
					3）盘类零件的绘制		
		1–1–3 能按照装配要求选择工具、量具、工装等	（1）使用机械装配常用工具和工装 （2）使用机械装配常用量具和仪器	（3）按照装配要求选择工具、量具、工装等	1）机械装配常用工具和工装的使用方法	（1）方法：讲授法、演示法 （2）重点与难点：装配常用工具、工装的选择和使用方法	1
					2）机械装配常用量具和仪器的使用方法		
	1–2 机械功能部件装配	1–2–1 能钻铰孔，并达到以下要求：公差等级 IT8，表面粗糙度 $Ra1.6\ \mu m$	（1）钻孔加工 （2）铰孔加工	（1）钻铰孔	1）钻孔参数及刀具选择	（1）方法：讲授法、实训（练习）法 （2）重点：台钻和磁力钻的使用方法	2

续表

<table>
<tr><th colspan="4">2.1.2　四级 / 中级职业技能培训要求</th><th colspan="4">2.2.2　四级 / 中级职业技能培训课程规范</th></tr>
<tr><th>职业功能模块（模块）</th><th>培训内容（课程）</th><th>技能目标</th><th>培训细目</th><th>学习单元</th><th>课程内容</th><th>培训建议</th><th>课堂学时</th></tr>
<tr><td rowspan="14">1. 数控机床机械功能部件装配</td><td rowspan="14">1–2　机械功能部件装配</td><td rowspan="2">1–2–1　能钻铰孔，并达到以下要求：公差等级 IT8，表面粗糙度 $Ra1.6\ \mu m$</td><td rowspan="2">（1）钻孔加工
（2）铰孔加工</td><td rowspan="2">（1）钻铰孔</td><td>2）台钻和磁力钻的使用方法</td><td rowspan="2">（3）难点：手工铰刀铰孔方法及技巧</td><td rowspan="2">2</td></tr>
<tr><td>3）手工铰刀铰孔方法及技巧</td></tr>
<tr><td rowspan="3">1–2–2　能加工 M12 以下的螺纹，没有明显的倾斜</td><td rowspan="3">M12 以下的螺纹加工</td><td rowspan="3">（2）螺纹加工</td><td>1）螺纹类型及丝锥型号选择</td><td rowspan="3">（1）方法：讲授法、演示法、实训（练习）法
（2）重点：钳工攻螺纹的方法
（3）难点：丝锥断裂后处理及补救方法</td><td rowspan="3">2</td></tr>
<tr><td>2）攻螺纹方法及技巧</td></tr>
<tr><td>3）丝锥断裂后处理及补救方法</td></tr>
<tr><td rowspan="2">1–2–3　能手工刃磨标准麻花钻头</td><td rowspan="2">（1）使用砂轮机
（2）手工刃磨标准麻花钻头</td><td rowspan="2">（3）手工刃磨标准麻花钻</td><td>1）麻花钻结构参数介绍</td><td rowspan="2">（1）方法：讲授法、演示法、实训（练习）法
（2）重点与难点：麻花钻刃磨的技巧</td><td rowspan="2">2</td></tr>
<tr><td>2）手工刃磨标准麻花钻的方法与技巧</td></tr>
<tr><td rowspan="3">1–2–4　能刮削平板，并达到以下要求：在 25 mm × 25 mm 范围内接触点数不少于 16 点，表面粗糙度 $Ra0.8\ \mu m$</td><td rowspan="3">平板刮削</td><td rowspan="3">（4）刮削平板</td><td>1）刮削原理及其运用</td><td rowspan="3">（1）方法：讲授法、演示法、实训（练习）法
（2）重点与难点：平板刮削技巧</td><td rowspan="3">2</td></tr>
<tr><td>2）刮削工具（校准工具、刮削刀具及显示剂）选择</td></tr>
<tr><td>3）刮削方法及技巧</td></tr>
<tr><td rowspan="4">1–2–5　能完成有配合、密封要求的零部件装配</td><td rowspan="4">（1）装配有配合要求的零部件
（2）装配有密封要求的零部件</td><td rowspan="4">（5）有配合、密封要求的零部件装配</td><td>1）过盈配合装配方法</td><td rowspan="4">（1）方法：讲授法、演示法、实训（练习）法
（2）重点：密封件的型号确认及装配方法
（3）难点：过盈关系装配方法及选择（热装、冷装）</td><td rowspan="4">4</td></tr>
<tr><td>2）密封件的型号确认及装配方法</td></tr>
<tr><td>3）密封装配检测方法</td></tr>
<tr><td>4）间隙配合检查方法</td></tr>
</table>

续表

<table>
<tr><th colspan="4">2.1.2 四级 / 中级职业技能培训要求</th><th colspan="4">2.2.2 四级 / 中级职业技能培训课程规范</th></tr>
<tr><th>职业功能模块（模块）</th><th>培训内容（课程）</th><th>技能目标</th><th>培训细目</th><th>学习单元</th><th>课程内容</th><th>培训建议</th><th>课堂学时</th></tr>
<tr><td rowspan="6">1. 数控机床机械功能部件装配</td><td rowspan="5">1-2 机械功能部件装配</td><td rowspan="3">1-2-6 完成有预紧力要求或有特殊要求的零部件装配（如主轴轴承、主轴的动平衡等）</td><td rowspan="3">装配机械主轴</td><td rowspan="3">（6）有预紧力要求或有特殊要求的零部件装配</td><td>1）紧固件扭矩值知识</td><td rowspan="3">（1）方法：讲授法、演示法、实训（练习）法
（2）重点：紧固件扭矩值的确定
（3）难点：主轴轴承预紧力确认及装配调整方法</td><td rowspan="3">6</td></tr>
<tr><td>2）主轴轴承预紧力确认及装配调整方法</td></tr>
<tr><td>3）扭矩扳手的使用方法</td></tr>
<tr><td rowspan="2">1-2-7 能对以下功能部件中的一种进行装配
（1）主轴箱
（2）进给传动部件
（3）换刀装置（刀架、刀库与机械手）
（4）辅助设备（液压系统、气动系统、润滑系统、冷却系统、排屑、防护等）</td><td rowspan="2">（1）装配主轴箱
（2）装配进给传动部件
（3）装配换刀装置（刀架、刀库与机械手）
（4）装配辅助设备（液压系统、气动系统、润滑系统、冷却系统、排屑、防护等）</td><td rowspan="2">（7）功能部装配</td><td>1）主轴箱装配
2）进给传动装配
①十字滑台
②直线导轨
③滚珠丝杠
④联轴器</td><td rowspan="2">（1）方法：讲授法、演示法、观摩法、实训（练习）法
（2）重点：进给传动部件的结构及装配工艺
（3）难点：主轴箱的结构及其装配工艺</td><td rowspan="2">24</td></tr>
<tr><td>3）换刀装置结构、工作原理及装配
4）辅助设备装配
①液压系统
②气动系统
③润滑系统
④冷却系统
⑤排屑器
⑥防护罩</td></tr>
<tr><td>1-3 机械功能部件装配检查</td><td>1-3-1 能按照装配技术要求检查机械功能部件相关精度及功能</td><td>（1）检查机械功能部件精度
（2）检查机械功能部件功能</td><td>（1）按照装配技术要求检查机械功能部件相关精度及功能</td><td>1）部件精度、功能及精度标准要求
2）机械功能部件相关精度检测
①主轴
②十字滑台
③直线导轨
④联轴器</td><td>（1）方法：讲授法、演示法、观摩法、实训（练习）法
（2）重点与难点：部件精度及功能的项目及检测方法</td><td>10</td></tr>
</table>

续表

2.1.2 四级 / 中级职业技能培训要求				2.2.2 四级 / 中级职业技能培训课程规范			
职业功能模块（模块）	培训内容（课程）	技能目标	培训细目	学习单元	课程内容	培训建议	课堂学时
1. 数控机床机械功能部件装配	1-3 机械功能部件装配检查	1-3-1 能按照装配技术要求检查机械功能部件相关精度及功能	(1) 检查机械功能部件精度 (2) 检查机械功能部件功能	(1) 按照装配技术要求检查机械功能部件相关精度及功能	3) 机械功能部件相关功能检查 ①液压系统 ②气动系统 ③润滑系统 ④冷却系统 ⑤排屑器 ⑥防护罩	(1) 方法：讲授法、演示法、观摩法、实训（练习）法 (2) 重点与难点：部件精度及功能的项目及检测方法	10
		1-3-2 能填写机械功能部件装配记录单	填写机械功能部件装配记录单	(2) 机械功能部件装配记录单的填写	装配记录单的填写方法及注意事项	(1) 方法：讲授法 (2) 重点与难点：装配记录单的填写方法及注意事项	1
2. 数控机床机械功能部件调整与整机调整	2-1 机械功能部件调整与整机调整准备	2-1-1 能读懂机械功能部件装配图	识读机械功能部件装配图	机械功能部件装配工艺卡及装配检查记录卡的识读	1) 机械功能部件装配工艺	(1) 方法：讲授法 (2) 重点与难点：装配工艺卡的识读	1
		2-1-2 能读懂机械功能部件装配工艺卡及装配检查记录卡	(1) 识读机械功能部件装配工艺卡 (2) 识读机械功能部件装配检查记录卡		2) 机械功能部件装配标准的识读		
	2-2 机械功能部件调整与整机调整	2-2-1 能对机械功能部件进行装配后的试车调整（如主轴箱的空运转试验、刀架的空动转试验、液压站的试验等）	(1) 主轴箱空运转试验 (2) 刀架空运转试验 (3) 液压站试验	(1) 机械功能部件装配后的试车调整	1) 功能部件空运转试验	(1) 方法：讲授法、观摩法、案例教学法 (2) 重点：功能部件空运转试验要求 (3) 难点：数控机床空运转时噪声和振动的要求	4
					2) 数控机床空运转时噪声和振动的相关知识		
					3) 液压系统的温升和噪声测试		
		2-2-2 能进行一种型号数控系统的操作	(1) 操作 FANUC 0i-D 数控系统	(2) 进行一种型号数控系统的操作	1) 数控机床系统面板操作	(1) 方法：讲授法、演示法、实训（练习）法	4

续表

2.1.2 四级 / 中级职业技能培训要求				2.2.2 四级 / 中级职业技能培训课程规范			
职业功能模块（模块）	培训内容（课程）	技能目标	培训细目	学习单元	课程内容	培训建议	课堂学时
2. 数控机床机械功能部件调整与整机调整	2-2 机械功能部件调整与整机调整	（1）FANUC 0i-D （2）SINUMERIK 828D	（2）操作 SINUMERIK 828D 数控系统	（2）进行一种型号数控系统的操作	2）FANUC 0i-D 数控系统操作方法 3）SINUMERIK 828D 数控系统操作方法	（2）重点与难点：FANUC 0i-D 及 SINUMERIK 828D 系统操作方法	4
		2-2-3 至少能应用一种型号数控系统进行加工编程 （1）FANUC 0i-D （2）SINUMERIK 828D	（1）FANUC 0i-D 数控系统编程 （2）SINUMERIK 828D 数控系统编程	（3）应用一种型号数控系统进行加工编程	1）数控机床基本功能 2）数控机床编程及常用代码（G、M、S、F） 3）FANUC 0i-D 数控系统编程方法 4）SINUMERIK 828D 数控系统编程方法	（1）方法：讲授法、案例教学法、实训（练习）法 （2）重点：数控机床编程及常用代码 （3）难点：数控机床简单零件编程	8
	2-3 机械功能部件调整与整机调整检查	2-3-1 能按照技术文件要求对数控机床进行水平检测与调整	（1）检测数控机床水平精度 （2）调整数控机床水平精度	（1）按照技术文件要求对数控机床进行水平检测与调整	1）数控机床水平精度标准 2）数控机床水平检测 3）数控机床水平调整	（1）方法：讲授法、演示法、实训（练习）法 （2）重点与难点：数控机床水平调整	6
		2-3-2 能按照技术文件要求对数控机床的功能部件进行几何精度、定位精度等检测	（1）检测数控机床功能部件的几何精度 （2）检测数控机床功能部件的定位精度	（2）按照技术文件要求对数控机床的功能部件进行几何精度、定位精度等检测	1）与功能部件几何精度、定位精度有关的国家标准 2）功能部件几何精度检测 3）功能部件定位精度检测	（1）方法：讲授法、演示法、实训（练习）法 （2）重点与难点：功能部件定位精度的检测	6
		2-3-3 能按照国家数控机床精度检测标准进行精度检测，并填写相关机床检测报告单	（1）解读数控机床整机精度检测标准 （2）检测数控机床精度 （3）填写机床检测报告单	（3）按照国家数控机床精度检测标准进行精度检测及填写相关机床检测报告单	1）国家数控机床精度检测标准的解读 2）数控机床精度检测 3）机床检测报告单的填写方法	（1）方法：讲授法 （2）重点与难点：数控机床精度检测	1

续表

<table>
<tr><th colspan="4">2.1.2 四级 / 中级职业技能培训要求</th><th colspan="4">2.2.2 四级 / 中级职业技能培训课程规范</th></tr>
<tr><th>职业功能模块（模块）</th><th>培训内容（课程）</th><th>技能目标</th><th>培训细目</th><th>学习单元</th><th>课程内容</th><th>培训建议</th><th>课堂学时</th></tr>
<tr><td rowspan="14">3. 数控机床机械功能部件维修</td><td rowspan="2">3-1 机械功能部件维修准备</td><td rowspan="2">能按照维修内容合理选择维修的工具、量具、工装等</td><td rowspan="2">使用机械维修常用工具、量具、工装</td><td rowspan="2">按照维修内容合理选择工具、量具、工装等</td><td>1）常用工具、量具、工装的种类</td><td rowspan="2">（1）方法：讲授法
（2）重点与难点：装配常用工具、量具、工装的选择和使用</td><td rowspan="2">1</td></tr>
<tr><td>2）装配常用工具、量具、工装的选择</td></tr>
<tr><td rowspan="12">3-2 机械功能部件维修</td><td rowspan="4">3-2-1 能对以下功能部件中的一种进行拆卸和再装配
（1）主轴箱
（2）进给传动部件
（3）换刀装置（刀架、刀库与机械手）
（4）辅助设备（液压系统、气动系统、润滑系统、冷却系统、排屑、防护等）</td><td rowspan="4">（1）拆装主轴箱
（2）拆装进给传动部件
（3）拆装换刀装置（刀架、刀库与机械手）
（4）拆装辅助设备（液压系统、气动系统、润滑系统、冷却系统、排屑、防护等）</td><td rowspan="4">（1）功能部件的拆卸和再装配</td><td>1）主轴箱的拆卸和再装配</td><td rowspan="4">（1）方法：讲授法、实训（练习）法、观摩法
（2）重点：进给传动部件的拆卸和再装配
（3）难点：主轴箱的拆卸和再装配</td><td rowspan="4">24</td></tr>
<tr><td>2）进给传动部件的拆卸和再装配</td></tr>
<tr><td>3）换刀装置的拆卸和再装配</td></tr>
<tr><td>4）辅助设备的拆卸和再装配
①液压系统
②气动系统
③润滑系统
④冷却系统
⑤排屑器
⑥防护罩</td></tr>
<tr><td rowspan="6">3-2-2 能检修齿轮、花键轴、轴承、密封件、弹簧、紧固件等</td><td rowspan="6">（1）检修齿轮
（2）检修花键轴
（3）检修轴承
（4）检修密封件
（5）检修弹簧
（6）检修紧固件</td><td rowspan="6">（2）齿轮、花键轴、轴承、密封圈、弹簧、紧固件等的检修</td><td>1）齿轮检修方法</td><td rowspan="6">（1）方法：讲授法、实训（练习）法
（2）重点：轴承选型及装配方法
（3）难点：扭矩值控制</td><td rowspan="6">6</td></tr>
<tr><td>2）花键轴检修方法</td></tr>
<tr><td>3）轴承选型及装配方法</td></tr>
<tr><td>4）密封件选型及装配方法</td></tr>
<tr><td>5）弹簧检修方法</td></tr>
<tr><td>6）紧固件扭矩值控制</td></tr>
<tr><td rowspan="2">3-2-3 能检查调整各种零部件的配合间隙（如齿轮啮合间隙、轴承间隙等）</td><td rowspan="2">（1）检查齿轮啮合间隙并调整
（2）检查轴承间隙并调整</td><td rowspan="2">（3）各种零部件配合间隙的检查与调整</td><td>1）齿轮啮合间隙的测量与调整</td><td rowspan="2">（1）方法：讲授法、实训（练习）法
（2）重点与难点：轴承间隙的测量与调整</td><td rowspan="2">4</td></tr>
<tr><td>2）轴承间隙的测量与调整</td></tr>
</table>

续表

2.1.2 四级 / 中级职业技能培训要求				2.2.2 四级 / 中级职业技能培训课程规范			
职业功能模块（模块）	培训内容（课程）	技能目标	培训细目	学习单元	课程内容	培训建议	课堂学时
3. 数控机床机械功能部件维修	3-2 机械功能部件维修	3-2-4 能绘制轴、套、盘类零件图	（1）绘制一般轴类零件图 （2）绘制一般套类零件图 （3）绘制一般盘类零件图	（4）轴、套、盘类零件图的绘制	1）轴类零件图的绘制 2）套类零件图的绘制 3）盘类零件图的绘制	（1）方法：讲授法 （2）重点与难点：典型轴类零件图的画法	2
	3-3 机械功能部件维修检查	3-3-1 能检查维修部件的功能	检查维修部件的功能	（1）维修部件的功能检查	1）主轴箱的功能检查 2）进给传动部件的功能检查 3）换刀装置的功能检查 4）辅助设备的功能检查	（1）方法：讲授法、案例教学法 （2）重点与难点：功能部件修复后的功能检查	2
		3-3-2 能利用仪器、仪表、检具等检查维修部件的几何精度	检查机械功能部件维修后的几何精度	（2）利用仪器、仪表、检具等检查维修部件的几何精度	机械功能部件维修后几何精度的检测	（1）方法：讲授法、观摩法 （2）重点与难点：机械功能部件维修后几何精度的检测	2
		3-3-3 能根据加工精度评估功能部件维修质量，填写维修记录单	（1）根据加工精度评估一般功能部件维修质量 （2）填写维修记录单	（3）根据加工精度评估功能部件维修质量及填写维修记录单	1）根据加工精度评估一般功能部件的维修质量 2）维修记录单的填写	（1）方法：讲授法、观摩法 （2）重点与难点：功能部件维修质量对加工精度的影响	1
课堂学时合计							129

（2）电气方向

2.1.2 四级 / 中级职业技能培训要求				2.2.2 四级 / 中级职业技能培训课程规范			
职业功能模块（模块）	培训内容（课程）	技能目标	培训细目	学习单元	课程内容	培训建议	课堂学时
1. 数控机床电气部件装配	1-1 电气部件装配准备	1-1-1 能读懂数控机床电气原理图、电气布置图、电气接线图等	（1）识读电气元件符号 （2）识读电气原理图 （3）识读电气布置图	（1）数控机床电气原理图、电气布置图、电气接线图等的识读	1）电工基础 2）电气元器件符号的识读	（1）方法：讲授法 （2）重点与难点：数控机床电气原理图	8

续表

<table>
<tr><th colspan="4">2.1.2　四级 / 中级职业技能培训要求</th><th colspan="4">2.2.2　四级 / 中级职业技能培训课程规范</th></tr>
<tr><th>职业功能模块（模块）</th><th>培训内容（课程）</th><th>技能目标</th><th>培训细目</th><th>学习单元</th><th>课程内容</th><th>培训建议</th><th>课堂学时</th></tr>
<tr><td rowspan="14">1. 数控机床电气部件装配</td><td rowspan="9">1–1　电气部件装配准备</td><td rowspan="3">1–1–1　能读懂数控机床电气原理图、电气布置图、电气接线图等</td><td rowspan="3">（4）识读电气接线图</td><td rowspan="3">（1）数控机床电气原理图、电气布置图、电气接线图等的识读</td><td>3）数控机床电气原理图的识读</td><td rowspan="3">（1）方法：讲授法
（2）重点与难点：数控机床电气原理图</td><td rowspan="3">8</td></tr>
<tr><td>4）数控机床电气布置图的识读</td></tr>
<tr><td>5）数控机床电气接线图的识读</td></tr>
<tr><td rowspan="3">1–1–2　能根据电气部件装配要求选择常用工具、仪器和仪表</td><td rowspan="3">使用电气部件装配常用的工具、仪器和仪表</td><td rowspan="3">（2）根据电气部件装配要求选择常用工具、仪器和仪表</td><td>1）常用工具、仪器和仪表的规格、用途</td><td rowspan="3">（1）方法：讲授法
（2）重点与难点：常用仪器和仪表的使用方法</td><td rowspan="3">1</td></tr>
<tr><td>2）常用工具、仪器和仪表的使用方法</td></tr>
<tr><td>3）常用工具、仪器和仪表的选择</td></tr>
<tr><td rowspan="3">1–1–3　能按照电气原理图要求选择电气元件及导线、电缆的规格</td><td rowspan="3">（1）数控机床常用电气元件选型
（2）导线和电缆选型</td><td rowspan="3">（3）按照电气原理图要求选择电气元件及导线、电缆的规格</td><td>1）电气元器件符号及类型</td><td rowspan="3">（1）方法：讲授法
（2）重点与难点：安全作业规范及要求</td><td rowspan="3">2</td></tr>
<tr><td>2）电线、电缆规格的识读</td></tr>
<tr><td>3）相关安全作业规范及要求</td></tr>
<tr><td rowspan="5">1–2　电气部件装配</td><td rowspan="5">1–2–1　能对以下部件的一种进行配线与装配
（1）电气柜配线板
（2）机床操纵台
（3）电气柜与机床各部分的连接</td><td rowspan="5">（1）电气柜配线板的配线与装配
（2）机床操纵台的配线与装配
（3）电气柜与机床各部分连接的配线与装配</td><td rowspan="5">（1）部件的配线与装配</td><td>1）钳工操作基础知识</td><td rowspan="5">（1）方法：讲授法、实训（练习）法
（2）重点与难点：电气线路连接规范</td><td rowspan="5">8</td></tr>
<tr><td>2）电气线路连接规范</td></tr>
<tr><td>3）电气柜配线板的配线与装配</td></tr>
<tr><td>4）机床操纵台的配线与装配</td></tr>
<tr><td>5）电气柜到机床各部分连接的配线与装配</td></tr>
</table>

续表

2.1.2 四级 / 中级职业技能培训要求				2.2.2 四级 / 中级职业技能培训课程规范			
职业功能模块（模块）	培训内容（课程）	技能目标	培训细目	学习单元	课程内容	培训建议	课堂学时
1. 数控机床电气部件装配	1-2 电气部件装配	1-2-2 能刃磨标准麻花钻头	（1）使用砂轮机 （2）刃磨标准麻花钻头	（2）标准麻花钻头的刃磨	1）麻花钻参数及刃磨知识 2）砂轮机的使用方法	（1）方法：讲授法、实训（练习）法 （2）重点与难点：麻花钻刃磨	2
		1-2-3 能在薄板上钻孔	薄板钻孔	（3）在薄板上钻孔	薄板钻孔知识及注意事项	（1）方法：讲授法、实训（练习）法 （2）重点与难点：薄板钻孔注意事项	1
		1-2-4 能根据电气布置图要求安装电气元件	安装电气元件	（4）根据电气布置图要求安装电气元件	1）电气布置图知识 2）电气元件的安装方法	（1）方法：讲授法、实训（练习）法 （2）重点与难点：电气元件安装方法	2
		1-2-5 能按照电气原理图和电气接线图连接线路	连接电气线路	（5）按照电气原理图和电气接线图连接线路	电气线路的连接方法	（1）方法：讲授法、实训（练习）法 （2）重点与难点：电气线路连接方法	10
		1-2-6 能使用电烙铁焊接电气元件	使用电烙铁焊接电气元件	（6）使用电烙铁焊接电气元件	1）电烙铁的使用方法 2）电气焊接知识	（1）方法：讲授法、实训（练习）法 （2）重点与难点：电气焊接知识	1
	1-3 电气部件装配检查	1-3-1 能检查电气元件安装的正确性	电气元件安装检查	（1）检查电气元件安装的正确性	电气元件安装检查	（1）方法：讲授法 （2）重点与难点：电气元件安装检查	1
		1-3-2 能检查线路连接的正确性	线路连接检查	（2）检查线路连接的正确性	线路连接检查	（1）方法：讲授法、实训（练习）法 （2）重点与难点：线路连接检查	2

续表

<table>
<tr><th colspan="4">2.1.2　四级 / 中级职业技能培训要求</th><th colspan="4">2.2.2　四级 / 中级职业技能培训课程规范</th></tr>
<tr><th>职业功能模块（模块）</th><th>培训内容（课程）</th><th>技能目标</th><th>培训细目</th><th>学习单元</th><th>课程内容</th><th>培训建议</th><th>课堂学时</th></tr>
<tr><td rowspan="3">1. 数控机床电气部件装配</td><td rowspan="3">1–3　电气部件装配检查</td><td>1–3–3　能检查电气元件、连接线路规格型号选择的正确性</td><td>电气元件、连接线路选型检查</td><td>（3）检查电气元件、连接线路规格型号选择的正确性</td><td>电气元件、连接线路选型检查</td><td>（1）方法：讲授法、实训（练习）法
（2）重点与难点：电气元件、连接线路选型检查</td><td>2</td></tr>
<tr><td>1–3–4　能利用相关仪器、仪表检查电气配电板连接的正确性</td><td>电气配电板连接检查</td><td>（4）利用相关仪器、仪表检查电气配电板连接的正确性</td><td>电气配电板连接检查</td><td>（1）方法：讲授法、实训（练习）法
（2）重点与难点：电气配电板连接检查</td><td>2</td></tr>
<tr><td>1–3–5　能填写电气部件装配记录单</td><td>填写电气部件装配记录单</td><td>（5）电气部件装配记录单的填写</td><td>电气部件装配记录单的填写方法</td><td>（1）方法：讲授法
（2）重点与难点：记录单填写方法</td><td>1</td></tr>
<tr><td rowspan="3">2. 数控机床电气部件调试</td><td>2–1　电气部件调试准备</td><td>能按照电气部件调试要求准备工具、仪器、仪表、机床资料等</td><td>（1）使用电气部件调试常用的工具、仪器和仪表
（2）数控机床资料种类简介</td><td>按照电气部件调试要求准备工具、仪器、仪表、机床资料等</td><td>1）常用仪器、仪表的规格
2）仪器、仪表的选择原则及使用方法
3）安全用电及作业规范
4）数控机床资料介绍</td><td>（1）方法：讲授法
（2）重点与难点：安全用电及作业规范</td><td>1</td></tr>
<tr><td rowspan="2">2–2　电气部件调试</td><td>2–2–1　能对数控机床系统面板、操作面板进行操作</td><td>（1）识读数控机床操作说明书
（2）操作数控机床系统面板、操作面板</td><td>（1）数控机床系统面板、操作面板的操作</td><td>1）数控机床面板各键功能
2）数控机床操作说明书的识读</td><td>（1）方法：讲授法、实训（练习）法
（2）重点与难点：数控机床操作面板的按钮及功能</td><td>4</td></tr>
<tr><td>2–2–2　能进行数控机床一般功能的调试</td><td>（1）一般数控系统硬件连接
（2）调试直线轴返回参考点功能</td><td>（2）数控机床一般功能的调试</td><td>1）数控机床系统基本功能
2）一般数控系统硬件连接
3）直线轴返回参考点功能调试</td><td>（1）方法：讲授法、实训（练习）法
（2）重点：一般数控系统硬件连接
（3）难点：直线轴返回参考点功能调试</td><td>8</td></tr>
</table>

续表

2.1.2 四级 / 中级职业技能培训要求				2.2.2 四级 / 中级职业技能培训课程规范			
职业功能模块（模块）	培训内容（课程）	技能目标	培训细目	学习单元	课程内容	培训建议	课堂学时
2. 数控机床电气部件调试	2-2 电气部件调试	2-2-3 能应用一种型号数控系统进行加工编程	（1）FANUC 0i-D 数控系统编程 （2）SINUMERIK 828D 数控系统编程	（3）应用一种型号数控系统进行加工编程	1）数控机床的操作系统知识 2）数控机床操作说明书的识读 3）数控系统程序代码知识 4）零件加工程序编程知识	（1）方法：讲授法、实训（练习）法 （2）重点与难点：数控系统程序代码知识	4
	2-3 电气部件调试检查	2-3-1 能按照相关图样要求对通电调试的数控机床线路检测点进行通电前电阻检测	数控机床线路检测点通电前的电阻检测	（1）按照相关图样要求对通电调试的数控机床线路检测点进行通电前电阻测试	1）数控机床通电检查规程 2）常用仪器、仪表的使用规范及要求	（1）方法：讲授法、实训（练习）法 （2）重点与难点：数控机床通电检查规程	1
		2-3-2 能按照相关图样要求对通电调试的数控机床线路检测点进行通电时电压检测	数控机床线路检测点通电时的电压检测	（2）按照相关图样要求对通电调试的数控机床线路检测点进行通电时电压测试	1）数控机床通电检查规程 2）常用仪器、仪表的使用规范及要求	（1）方法：讲授法、实训（练习）法 （2）重点与难点：数控机床通电检查规程	1
		2-3-3 能按照相关技术文件要求对数控机床进行功能检查	检查数控机床功能	（3）按照相关技术文件要求对数控机床进行功能检查	1）数控机床功能检查步骤 2）机床数控系统操作说明书的识读 3）数控机床功能检查的主要内容	（1）方法：讲授法、实训（练习）法 （2）重点与难点：数控机床功能检查的主要内容	1
		2-3-4 能填写电气部件装配记录单	填写电气部件装配记录单	（4）电气部件装配记录单的填写	电气部件装配记录单的填写方法	（1）方法：讲授法 （2）重点与难点：记录单填写方法	1
3. 数控机床电气部件维修	3-1 电气部件维修准备	3-1-1 能读懂数控机床电气原理图、电气布置图、电气接线图等	（1）识读电气原理图 （2）识读电气布置图 （3）识读电气接线图	（1）数控机床电气原理图、电气布置图、电气接线图等的识读	1）数控机床电气原理图的识读 2）数控机床电气布置图的识读 3）数控机床电气接线图的识读	（1）方法：讲授法 （2）重点与难点：数控机床电气布置图的识读	2

续表

2.1.2 四级 / 中级职业技能培训要求				2.2.2 四级 / 中级职业技能培训课程规范			
职业功能模块（模块）	培训内容（课程）	技能目标	培训细目	学习单元	课程内容	培训建议	课堂学时
3. 数控机床电气部件维修	3–1 电气部件维修准备	3–1–2 能读懂数控机床的操作说明书及维修操作手册	（1）识读数控机床操作说明书 （2）识读数控机床维修操作手册	（2）数控机床操作说明书及维修操作手册的识读	1）数控机床操作说明书的识读 2）数控机床数控系统说明书的识读 3）数控机床维修操作手册的识读	（1）方法：讲授法 （2）重点与难点：数控机床数控系统说明书的识读	4
		3–1–3 能考察故障设备维修现场，进行必要的维修前工具、仪器和仪表的准备	（1）选择及使用电气部件维修工具 （2）选择及使用电气部件维修仪器和仪表	（3）故障设备维修现场考察及维修前工具、仪器、仪表的准备	1）常用仪器、仪表的规格及用途 2）仪器、仪表的选择原则及使用方法 3）仪器、仪表维护保养守则	（1）方法：讲授法 （2）重点与难点：仪器、仪表的选择原则及使用方法	4
		3–1–4 能读懂相关维修设备的安全作业规程	识读相关维修设备安全作业规程	（4）相关维修设备安全作业规程的识读	1）维修设备安全注意事项 2）维修设备安全作业规程	（1）方法：讲授法 （2）重点与难点：维修设备安全作业规程	2
	3–2 电气部件维修	3–2–1 能对以下部件进行线路拆卸和再装配 （1）电气柜配电板 （2）机床操纵台 （3）电气柜与机床各部分的连接	（1）电气柜配电板的拆卸和再装配 （2）机床操纵台的拆卸和再装配 （3）电气柜与机床各部分连接的拆卸和再装配	（1）部件线路的拆卸和再装配	1）电气柜配电板的拆卸和再装配 2）数控机床操纵台的拆卸和再装配 3）电气柜与机床各部分连接的拆卸和再装配	（1）方法：讲授法、实训（练习）法 （2）重点与难点：电气部件线路的拆卸和再装配	16
		3–2–2 能对电气维修中配线质量进行检查，能解决配线中出现的问题	（1）识读电气配线工艺规范 （2）检查电气维修中配线质量 （3）解决配线中出现的一般问题	（2）电气维修中配线质量的检查及配线问题的解决	1）电气配线工艺规范 2）电气维修中配线质量的检查 3）一般配线问题的处理方法	（1）方法：讲授法 （2）重点：电气配线工艺规范 （3）难点：一般配线问题的处理方法	1

续表

2.1.2 四级 / 中级职业技能培训要求				2.2.2 四级 / 中级职业技能培训课程规范			
职业功能模块（模块）	培训内容（课程）	技能目标	培训细目	学习单元	课程内容	培训建议	课堂学时
3. 数控机床电气部件维修	3-2 电气部件维修	3-2-3 能对数控机床系统面板、操作面板进行操作	（1）操作数控机床系统面板 （2）操作数控机床操作面板	（3）数控机床系统面板、操作面板的操作	数控机床系统面板、操作面板旋钮、按钮和键盘的基本功能及使用方法	（1）方法：讲授法、实训（练习）法 （2）重点与难点：数控机床操作面板按钮的基本功能及使用方法	1
		3-2-4 能使用数控机床诊断功能或可编程逻辑控制器梯形图（语句表）等分析故障	（1）利用数控机床诊断功能进行故障分析 （2）利用梯形图进行故障分析	（4）使用数控机床诊断功能或可编程逻辑控制器梯形图（语句表）等分析故障	1）数控系统诊断功能介绍 2）可编程逻辑控制器梯形图故障分析方法	（1）方法：讲授法、实训（练习）法 （2）重点与难点：可编程逻辑控制器梯形图故障分析方法	8
		3-2-5 能排除数控机床调试中常见的电气故障	排除数控机床调试中的常见电气故障	（5）数控机床调试中常见电气故障的排除	1）数控机床常见故障分析 2）数控机床常见故障排除	（1）方法：讲授法、观摩法、实训（练习）法 （2）重点与难点：数控机床常见故障分析	4
	3-3 电气部件维修检查	3-3-1 能对维修后的数控机床进行功能检查	检查维修后的数控机床功能	（1）数控机床维修后的功能检查	1）数控机床开机前的注意事项 2）数控机床功能检查	（1）方法：讲授法、观摩法、实训（练习）法 （2）重点与难点：数控机床功能检查的内容	1
		3-3-2 能填写维修记录单	填写维修记录单	（2）维修记录单的填写	维修记录单填写方法及规范	（1）方法：讲授法 （2）重点与难点：维修记录单填写方法及规范	1
课堂学时合计							108

附录 3　三级 / 高级职业技能培训要求与课程规范对照表

1. 机械方向

2.1.3　三级 / 高级职业技能培训要求				2.2.3　三级 / 高级职业技能培训课程规范			
职业功能模块（模块）	培训内容（课程）	技能目标	培训细目	学习单元	课程内容	培训建议	课堂学时
1. 数控机床机械总装	1-1　机械总装准备	1-1-1　能读懂数控机床部件装配图和总装配图	（1）识读数控机床部件装配图 （2）识读数控机床总装配图	（1）数控机床部件装配图和总装配图的识读	1）数控机床部件装配图的识读 2）数控机床总装配图的识读	（1）方法：讲授法、案例教学法 （2）重点与难点：装配图的识读	2
		1-1-2　能绘制连接件装配图	（1）绘制螺栓连接装配图 （2）绘制齿轮和轴连接装配图	（2）连接件装配图的绘制	1）螺栓的绘制 2）键的绘制 3）铆钉的绘制	（1）方法：讲授法、实训（练习）法、案例教学法 （2）重点与难点：各种连接件装配图的绘制	4
		1-1-3　能根据整机装配要求准备工具、量具、检具、工装等	（1）使用机械装配常用的工具和工装 （2）使用机械装配常用的量具和仪器	（3）根据整机装配要求准备工具、量具、检具、工装等	1）机械总装工具和工装的使用方法及注意事项 2）机械总装量具和检具的使用方法及注意事项	（1）方法：讲授法、实训（练习）法、案例教学法 （2）重点与难点：通用工具、量具和检具的使用方法	1
	1-2　机械总装	1-2-1　能刮削平板，并达到以下要求：在 25 mm × 25 mm 范围内接触点数不少于 20 点，表面粗糙度 *Ra*0.4 μm	（1）刮刀的使用及修磨 （2）按要求刮削平板	（1）刮削平板	1）修磨刮刀 2）刮削平板	（1）方法：讲授法、实训（练习）法 （2）重点与难点：刮削平板	2
		1-2-2　能按照工艺规范要求完成一种型号以上数控机床机械功能部件与床身的总装配	（1）装配三轴立式加工中心机械功能部件	（2）按照工艺规范要求完成一种型号以上数控机床机械功能部件与床身的总装配	1）液压（气动）工作原理 ①液压泵 ②液压缸 ③液压控制阀 ④调速回路 ⑤气动回路	（1）方法：讲授法、实训（练习）法、实物演示法 （2）重点：液压传动	24

续表

2.1.3　三级 / 高级职业技能培训要求				2.2.3　三级 / 高级职业技能培训课程规范			
职业功能模块（模块）	培训内容（课程）	技能目标	培训细目	学习单元	课程内容	培训建议	课堂学时
1. 数控机床机械总装	1-2　机械总装	1-2-2　能按照工艺规范要求完成一种型号以上数控机床机械功能部件与床身的总装配	（2）三轴立式加工中心床身的总装配	（2）按照工艺规范要求完成一种型号以上数控机床机械功能部件与床身的总装配	2）三轴立式加工中心机械功能部件与床身的总装配	（3）难点：三轴立式加工中心部件与床身的总装配	24
		1-2-3　能在数控机床总装过程中进行几何精度的检测，并进行一般误差分析和调整（如垂直度、平行度、同轴度等）	（1）在数控机床总装过程中进行检测并调整相关项的垂直度 （2）在数控机床总装过程中进行检测并调整相关项的平行度 （3）在数控机床总装过程中进行检测并调整相关项的同轴度	（3）在数控机床总装过程中进行几何精度的检测及一般误差的分析和调整	1）垂直度的检测方法 2）同轴度的检测方法 3）平行度的检测方法 4）床身水平图的绘制 5）床身和导轨几何精度的调整方法	（1）方法：讲授法、讨论法、实训（练习）法、演示法 （2）重点与难点：检具的使用及几何精度的检测	8
	1-3　机械总装检查	能按国家数控机床精度检验标准对机床整机进行几何精度检测，并填写机床检测报告单	（1）识读相关国家标准 （2）检测机床几何精度 （3）填写机床检测报告单	按照国家数控机床精度检验标准对机床整机进行几何精度检测	1）国家数控机床精度检验标准的解读 2）数控机床整机几何精度的检测 3）机床检测报告单的填写方法	（1）方法：讲授法、实训（练习）法 （2）重点与难点：规范填写机床检测报告单	6
2. 数控机床整机调整与验收	2-1　整机调整准备	2-1-1　能读懂数控机床电气原理图和电气接线图	（1）识读数控机床电气原理图 （2）识读数控机床电气接线图识图	（1）数控机床电气原理图和电气接线图的识读	1）数控机床电气原理图的识读 2）数控机床电气接线图的识读	（1）方法：讲授法、案例教学法、实物示教法 （2）重点与难点：电气原理图的识读	2
		2-1-2　能进行两种型号以上数控系统的操作	（1）操作 FANUC 0i-D 数控系统 （2）操作 SINUMERIK 828D 数控系统 （3）操作华中 HNC-808T 数控系统	（2）两种型号以上数控系统的操作	1）FANUC 0i-D 数控系统操作方法 2）SINUMERIK 828D 数控系统操作方法 3）华中 HNC-808T 数控系统操作方法	（1）方法：讲授法、实训（练习）法 （2）重点与难点：FANUC 0i-D、SINUMERIK 828D 数控系统操作方法	4

续表

2.1.3 三级/高级职业技能培训要求				2.2.3 三级/高级职业技能培训课程规范			
职业功能模块（模块）	培训内容（课程）	技能目标	培训细目	学习单元	课程内容	培训建议	课堂学时
2. 数控机床整机调整与验收	2-1 整机调整准备	2-1-3 能进行两种型号以上数控系统的加工编程	（1）FANUC 0i-D 数控系统加工编程 （2）SINUMERIK 828D 数控系统加工编程 （3）华中 HNC-808T 数控系统加工编程	（3）两种型号以上数控系统的加工编程	1）FANUC 0i-D 数控系统加工编程方法 2）SINUMERIK 828D 数控系统加工编程方法 3）华中 HNC-808T 数控系统加工编程方法	（1）方法：讲授法、实训（练习）法、项目教学法 （2）重点与难点：FANUC 0i-D、SINUMERIK 828D 数控系统加工编程方法	8
	2-2 整机调整	2-2-1 能进行数控机床总装几何精度、定位精度的检测和调整	（1）检测和调整数控机床总装几何精度 （2）检测和调整数控机床总装定位精度	（1）数控机床总装几何精度、定位精度的检测和调整	1）数控机床总装几何精度的检测 2）激光干涉仪的工作原理及使用方法 3）直线轴定位精度的检测方法	（1）方法：讲授法、实训（练习）法、演示法、实物示教法 （2）重点与难点：激光干涉仪的使用方法	8
		2-2-2 能通过修改切削工艺参数调整数控机床性能	修改切削工艺参数	（2）数控机床切削性能的调整	1）调整主轴转速、进给速度、切削深度以提高试件表面质量 2）根据轴负载或电流值调整主轴转速、进给速度等切削工艺参数	（1）方法：讲授法、讨论法、实训（练习）法、案例教学法 （2）重点与难点：根据轴负载调整数控机床性能	4
		2-2-3 能完成试切工件的加工	（1）刀具和工件装夹 （2）加工试切工件	（3）试切工件的加工	1）工件的对刀 2）试件加工	（1）方法：讲授法、实训（练习）法 （2）重点与难点：试件加工	4
		2-2-4 能使用通用量具对所加工工件进行检测，分析误差原因并进行机床调整	（1）使用通用量具 （2）分析误差原因并进行机床调整	（4）加工工件检测、误差原因分析及机床调整	1）通用量具的使用方法及注意事项 2）根据加工工件的测量结果调整伺服参数（伺服增益、加速时间等）	（1）方法：讨论法、实训（练习）法、案例教学法 （2）重点与难点：伺服参数调整	4

续表

2.1.3 三级 / 高级职业技能培训要求				2.2.3 三级 / 高级职业技能培训课程规范			
职业功能模块（模块）	培训内容（课程）	技能目标	培训细目	学习单元	课程内容	培训建议	课堂学时
2. 数控机床整机调整与验收	2-2 整机调整	2-2-5 能读懂三坐标测量报告、激光检测报告，并进行一般误差分析和调整（如垂直度、平行度、同轴度、位置度等）	（1）读懂三坐标测量报告，并进行一般误差分析和调整 （2）读懂激光检测报告，并进行一般误差分析和调整	（5）三坐标测量报告、激光检测报告的识读及一般误差的分析和调整	1）三坐标测量报告分析及一般误差调整 2）激光检测报告分析 3）根据激光检测报告对机床直线轴进行补偿	（1）方法：讲授法、案例教学法 （2）重点与难点：螺距补偿	8
		2-2-6 能用计算机辅助设计与制造软件进行仿真加工并生成加工程序	使用CAXA2013软件进行仿真加工	（6）用计算机辅助设计与制造软件进行仿真加工并生成加工程序	1）CAXA2013软件的使用方法 2）使用CAXA 2013软件进行仿真加工	（1）方法：讲授法、实训（练习）法、案例教学法 （2）重点与难点：使用CAXA 2013软件进行仿真加工	16
	2-3 整机验收	能按照国家数控机床精度检验标准对机床整机进行精度检测，并填写机床检验报告单	（1）解读国家数控机床精度检验标准 （2）检测数控机床整机精度 （3）填写机床检验报告单	按照国家数控机床精度检验标准对机床整机进行精度检验	1）国家数控机床精度检验标准的解读 2）数控机床整机精度的检测 3）机床检验报告单的填写方法	（1）方法：讲授法、实训（练习）法 （2）重点与难点：规范填写机床检验报告单	2
3. 数控机床机械维修	3-1 机械维修准备	3-1-1 能读懂数控机床部件装配图和总装配图	（1）识读数控机床部件装配图 （2）识读数控机床总装配图	（1）数控机床部件装配图和总装配图的识读	1）数控机床部件装配图的识读 2）数控机床总装配图的识读	（1）方法：讲授法、案例教学法 （2）重点与难点：装配图和总装配图的识读	2
		3-1-2 能读懂数控机床电气原理图和电气接线图	（1）识读数控机床电气原理图 （2）识读数控机床电气接线图	（2）数控机床电气原理图和电气接线图的识读	1）数控机床电气原理图的识读 2）数控机床电气接线图的识读	（1）方法：讲授法、案例教学法、实物示教法 （2）重点与难点：数控机床电气原理图的识读	1

续表

2.1.3 三级 / 高级职业技能培训要求				2.2.3 三级 / 高级职业技能培训课程规范			
职业功能模块（模块）	培训内容（课程）	技能目标	培训细目	学习单元	课程内容	培训建议	课堂学时
3. 数控机床机械维修	3-1 机械维修准备	3-1-3 能读懂数控机床液压与气动原理图	（1）识读数控机床液压原理图 （2）识读数控机床气动原理图	（3）数控机床液压与气动原理图的识读	1）流体力学基础	（1）方法：讲授法 （2）重点：数控机床液压原理图的识读 （3）难点：流体力学基础	2
					2）数控机床液压原理图的识读		
					3）数控机床气动原理图的识读		
	3-2 机械维修	3-2-1 能拆卸、组装整台数控机床（如数控车床主轴箱与床身的拆装、床鞍与床身的拆装、加工中心主轴箱与立柱的拆装、工作台与床身的拆装等）	（1）拆装数控车床主轴箱与床身 （2）拆装数控车床床鞍与床身 （3）拆装加工中心主轴箱与立柱 （4）拆装加工中心工作台与床身	（1）数控机床整机拆卸与组装	1）数控车床主轴箱与床身的拆装	（1）方法：讲授法、实训（练习）法、项目教学法 （2）重点：数控车床主轴箱与床身、床鞍的拆装；加工中心主轴箱与立柱、工作台与床身的拆装 （3）难点：使用百分表等检具进行调整	16
					2）数控车床床鞍与床身的拆装		
					3）加工中心主轴箱与立柱的拆装		
					4）加工中心工作台与床身的拆装		
		3-2-2 能通过数控机床诊断功能判断常见机械、电气、液压和气动控制故障	（1）使用数控机床诊断功能模块 （2）判断常见机械故障 （3）判断常见电气故障 （4）判断常见液压和气动控制故障	（2）通过数控机床诊断功能判断常见机械、电气、液压和气动控制故障	1）数控机床诊断功能的使用方法	（1）方法：讲授法、讨论法、实训（练习）法 （2）重点与难点：诊断常见机械、电气、液压和气动控制故障	4
					2）机械故障的判断方法		
					3）电气故障的判断方法		
					4）液压和气动控制故障的判断方法		
		3-2-3 能排除数控机床的机械故障	排除数控机床机械故障	（3）数控机床机械故障的排除	1）机械原理知识	（1）方法：讲授法、讨论法、实训（练习）法 （2）重点与难点：机械故障的排除	4
					2）主传动故障的排除		
					3）进给传动故障的排除		

续表

2.1.3 三级 / 高级职业技能培训要求				2.2.3 三级 / 高级职业技能培训课程规范			
职业功能模块（模块）	培训内容（课程）	技能目标	培训细目	学习单元	课程内容	培训建议	课堂学时
3. 数控机床机械维修	3-2 机械维修	3-2-4 能排除数控机床的强电故障	排除强电短路、断路和过载故障	（4）数控机床强电故障的排除	强电短路、断路、过载故障的排除	（1）方法：讲授法、讨论法、实训（练习）法 （2）重点与难点：强电故障的排除	2
	3-3 机械维修检查	能按照国家数控机床精度检验标准对机床整机进行精度检测，并填写机床维修验收单	（1）识读技术文件 （2）检测数控机床精度及功能 （3）填写机床维修验收单	按照国家数控机床精度检验标准对机床整机进行精度检验	1）国家数控机床精度检验标准的解读 2）对照国家标准进行数控机床精度的检验 3）机床维修验收单的填写	（1）方法：讲授法、实训（练习）法 （2）重点与难点：规范填写机床维修验收单	2
课堂学时合计							140

（2）电气方向

2.1.3 三级 / 高级职业技能培训要求				2.2.3 三级 / 高级职业技能培训课程规范			
职业功能模块（模块）	培训内容（课程）	技能目标	培训细目	学习单元	课程内容	培训建议	课堂学时
1. 数控机床整机电气装配	1-1 整机电气装配准备	1-1-1 能读懂数控机床电气总装配图	识读数控机床电气总装配图	（1）数控机床电气总装配图的识读	数控机床电气总装配图的识读	（1）方法：讲授法、案例教学法、实物示教法 （2）重点与难点：数控机床电气总装配图的识读	2
		1-1-2 能读懂数控机床液压与气动原理图	（1）识读数控机床液压原理图 （2）识读数控机床气动原理图	（2）数控机床液压与气动原理图的识读	液压（气动）工作原理 ①液压泵 ②液压缸 ③液压控制阀	（1）方法：讲授法、案例教学法、实物示教法 （2）重点与难点：液压控制阀	2
		1-1-3 能读懂与电气相关的机械图	（1）识读回转刀架机械图	（3）与电气相关的机械图识读	1）回转刀架机械图识读	（1）方法：讲授法、讨论法、实物示教法	8

续表

2.1.3 三级 / 高级职业技能培训要求				2.2.3 三级 / 高级职业技能培训课程规范			
职业功能模块（模块）	培训内容（课程）	技能目标	培训细目	学习单元	课程内容	培训建议	课堂学时
1. 数控机床整机电气装配	1-1 整机电气装配准备	1-1-3 能读懂与电气相关的机械图	（2）识读更换主轴头的换刀系统机械图 （3）识读带刀库的自动换刀系统机械图	（3）与电气相关的机械图识读	2）更换主轴头的换刀系统机械图识读 3）带刀库的自动换刀系统机械图识读	（2）重点与难点：带刀库的自动换刀系统机械图识读	
		1-1-4 能进行数控机床整机电气装配前的工具、仪器、仪表及相关技术文件的准备	（1）选择电气装配所需的工具、仪器和仪表 （2）识读相关技术文件	（4）数控机床整机电气装配前工具、仪器、仪表及相关技术文件的准备	1）数控机床整机电气装配工具、仪器和仪表的使用方法 2）数控机床整机电气装配相关技术文件的识读	（1）方法：讲授法、讨论法、实训（练习）法、实物示教法 （2）重点与难点：数控机床整机电气装配工具、仪器和仪表的使用方法	1
	1-2 整机电气装配	1-2-1 能按照电气装配技术文件要求进行数控机床的配电板、变压器、数控装置、电源等部件的安装	（1）辨识配电板、变压器、数控装置、电源等部件 （2）安装配电板、变压器、数控装置、电源等部件	（1）按照电气装配技术文件要求进行数控机床的配电板、变压器、数控装置、电源等部件的安装	1）数控机床电气回路的安装 2）FANUC 系列数控系统电气回路的安装 3）SINUMERIK 系列数控系统电气回路的安装	（1）方法：讲授法、实训（练习）法、实物示教法 （2）重点与难点：FANUC 系列、SINUMERIK 系列数控系统电气回路的安装	16
		1-2-2 能按照电气原理图要求进行数控机床的数控装置、配电板、变频器、刀库、机械手、液压、润滑、排屑系统等各部分之间电缆的连接	连接数控机床各部件之间的电缆	（2）数控机床各部件的连接	数控机床各部件之间电缆的连接 ①数控装置 ②配电板 ③变频器 ④刀库 ⑤机械手 ⑥液压系统 ⑦润滑系统 ⑧排屑系统	（1）方法：讲授法、实训（练习）法、项目教学法、实物示教法 （2）重点与难点：变频器接线	16
		1-2-3 能按照相关技术文件要求进行屏蔽线、接地线等的连接	连接屏蔽线、接地线	（3）按照相关技术文件要求进行屏蔽线、接地线等的连接	屏蔽线、接地线的连接	（1）方法：讲授法、实训（练习）法 （2）重点与难点：屏蔽线、接地线的接线规范	1

续表

<table>
<tr><th colspan="4">2.1.3 三级 / 高级职业技能培训要求</th><th colspan="4">2.2.3 三级 / 高级职业技能培训课程规范</th></tr>
<tr><th>职业功能模块（模块）</th><th>培训内容（课程）</th><th>技能目标</th><th>培训细目</th><th>学习单元</th><th>课程内容</th><th>培训建议</th><th>课堂学时</th></tr>
<tr><td rowspan="2">1. 数控机床整机电气装配</td><td rowspan="2">1–3 整机电气装配检查</td><td>1–3–1 能完成通电前短路检测和接地电阻值检测</td><td>短路检测及接地电阻值检测</td><td>（1）通电前短路检测及接地电阻值检测</td><td>短路检测方法及接地电阻值检测方法</td><td>（1）方法：讲授法、实训（练习）法
（2）重点与难点：通电前短路检测</td><td>1</td></tr>
<tr><td>1–3–2 能按照技术文件规定检测相关检测点的电阻值</td><td>相关检测点的电阻值检测</td><td>（2）按照技术文件规定检测相关检测点的电阻值</td><td>相关检测点的电阻值检测方法及注意事项</td><td>（1）方法：讲授法、实训（练习）法
（2）重点与难点：相关检测点的电阻值检测</td><td>1</td></tr>
<tr><td rowspan="5">2. 数控机床整机电气调试</td><td rowspan="4">2–1 整机电气调试准备</td><td rowspan="2">2–1–1 能读懂数控机床安装调试手册</td><td rowspan="2">识读数控机床安装调试手册</td><td rowspan="2">（1）数控机床安装调试手册的识读</td><td>1）FANUC 系列数控机床安装调试手册</td><td rowspan="2">（1）方法：讲授法、实物示教法
（2）重点与难点：数控机床安装调试手册的识读</td><td rowspan="2">2</td></tr>
<tr><td>2）SINUMERIK 系列数控机床安装调试手册</td></tr>
<tr><td rowspan="2">2–1–2 能进行数控机床整机电气调试前的工具、仪器、仪表及相关技术文件的准备</td><td rowspan="2">（1）选择电气调试所需的工具、仪器和仪表
（2）选择相关技术文件</td><td rowspan="2">（2）数控机床整机电气调试前工具、仪器、仪表及相关技术文件的准备</td><td>1）数控机床整机电气调试的工具、仪器、仪表使用方法</td><td rowspan="2">（1）方法：讲授法、讨论法、实训（练习）法、实物示教法
（2）重点与难点：数控机床整机电气调试的工具、仪器、仪表使用方法</td><td rowspan="2">1</td></tr>
<tr><td>2）数控机床整机电气调试技术文件的识读</td></tr>
<tr><td>2–2 整机电气调试</td><td>2–2–1 能在数控机床通电试车时，通过通信口将机床参数与可编程逻辑控制器程序传入数控机床控制器中</td><td>（1）数控系统通信
（2）数控系统数据备份及恢复</td><td>（1）数控系统通信与数据备份及恢复</td><td>1）数控系统通信
① FANUC 0i–D
② SINUMERIK 828D
2）数控系统数据备份及恢复
① FANUC 0i–D
② SINUMERIK 828D</td><td>（1）方法：讲授法、实训（练习）法、演示法、项目教学法、实物示教法
（2）重点与难点：数控系统数据备份及恢复</td><td>4</td></tr>
</table>

续表

2.1.3 三级 / 高级职业技能培训要求				2.2.3 三级 / 高级职业技能培训课程规范			
职业功能模块（模块）	培训内容（课程）	技能目标	培训细目	学习单元	课程内容	培训建议	课堂学时
2. 数控机床整机电气调试	2-2 整机电气调试	2-2-2 能使用数控系统参数、可编程逻辑控制器参数、变频器参数等对数控机床进行调整	（1）调整数控机床参数 （2）调整变频器参数	（2）数控机床调试中系统及可编程逻辑控制器的应用	1）数控机床参数的调整 ① FANUC 0i-D ② SINUMERIK 828D 2）变频器参数的调整	（1）方法：讲授法、实训（练习）法、演示法、项目教学法、实物示教法 （2）重点与难点：数控机床参数调整	16
		2-2-3 能利用数控机床诊断功能进行机床功能的调试	（1）应用数控机床诊断功能 （2）根据数控机床诊断功能调试机床	（3）数控机床调试中机床诊断功能的应用	1）数控机床诊断功能 ① FANUC 0i-D ② SINUMERIK 828D 2）数控机床诊断功能在机床功能调试中的应用	（1）方法：讲授法、实训（练习）法、项目教学法 （2）重点与难点：数控机床诊断功能在机床功能调试中的应用	16
		2-2-4 能应用数控系统编制试件加工程序	（1）识读编程代码 （2）手动编制试件加工程序	（4）试件加工程序的编制	1）编程代码的识读 2）手动编制试件加工程序	（1）方法：讲授法、实训（练习）法、项目教学法 （2）重点与难点：手动编制试件加工程序	4
		2-2-5 能进行数控机床试车（如空运转）	数控机床试车	（5）数控机床试车	数控机床空运转试车	（1）方法：讲授法、实训（练习）法 （2）重点与难点：数控机床空运转试车	2
		2-2-6 能试车加工工件	（1）刀具和工件装夹 （2）完成试车并加工工件	（6）试车与工件加工	1）刀具、工件装夹及对刀方法 2）试车并加工工件	（1）方法：讲授法、实训（练习）法 （2）重点与难点：刀具、工件装夹及对刀方法	4

续表

<table>
<tr><th colspan="4">2.1.3 三级 / 高级职业技能培训要求</th><th colspan="4">2.2.3 三级 / 高级职业技能培训课程规范</th></tr>
<tr><th>职业功能模块（模块）</th><th>培训内容（课程）</th><th>技能目标</th><th>培训细目</th><th>学习单元</th><th>课程内容</th><th>培训建议</th><th>课堂学时</th></tr>
<tr><td rowspan="6">2. 数控机床整机电气调试</td><td rowspan="6">2–3 整机电气调试检查</td><td rowspan="5">2–3–1 能按照调试手册要求检查数控机床的各种控制功能（如限位、主轴速度、进给速度、换刀、参考点等）</td><td rowspan="5">（1）检查各轴限位
（2）检查主轴方向和转速
（3）检查各轴进给方向、倍率
（4）检查刀库及自动换刀功能
（5）检查各轴返回参考点</td><td rowspan="5">（1）数控机床电气调试中控制功能的检查</td><td>1）各轴限位控制功能的检查</td><td rowspan="5">（1）方法：讲授法、讨论法、实训（练习）法、项目教学法
（2）重点与难点：主轴运动控制功能的检查</td><td rowspan="5">4</td></tr>
<tr><td>2）主轴运动控制功能的检查</td></tr>
<tr><td>3）进给轴运动控制功能的检查</td></tr>
<tr><td>4）刀库功能控制功能的检查</td></tr>
<tr><td>5）参考点控制功能的检查</td></tr>
<tr><td>2–3–2 能填写整机电气调试记录单</td><td>填写整机电气调试记录单</td><td>（2）整机电气调试记录单的填写</td><td>整机电气调试记录单的填写方法</td><td>（1）方法：讲授法、讨论法
（2）重点与难点：整机电气调试记录单的填写方法</td><td>1</td></tr>
<tr><td rowspan="5">3. 数控机床电气维修</td><td rowspan="5">3–1 电气维修准备</td><td rowspan="3">3–1–1 能读懂数控机床电气布置图、电气原理图、电气接线图等</td><td rowspan="3">（1）识读数控机床电气布置图
（2）识读数控机床电气原理图
（3）识读数控机床电气接线图</td><td rowspan="3">（1）数控机床电气布置图、电气原理图和电气接线图的识读</td><td>1）数控机床电气布置图的识读</td><td rowspan="3">（1）方法：讲授法、案例教学法、实物示教法
（2）重点与难点：数控机床电气原理图的识读</td><td rowspan="3">2</td></tr>
<tr><td>2）数控机床电气原理图的识读</td></tr>
<tr><td>3）数控机床电气接线图的识读</td></tr>
<tr><td>3–1–2 能读懂数控机床电气总装配图</td><td>识读数控机床电气总装配图</td><td>（2）数控机床电气总装配图的识读</td><td>数控机床电气总装配图的识读</td><td>（1）方法：讲授法、案例教学法、实物示教法
（2）重点与难点：数控机床电气总装配图的识读</td><td>2</td></tr>
<tr><td>3–1–3 能读懂数控机床液压与气动原理图</td><td>（1）识读数控机床液压原理图
（2）识读数控机床气动原理图</td><td>（3）数控机床液压与气动原理图的识读</td><td>液压（气动）工作原理及原理图识读
①液压回路
②气动回路</td><td>（1）方法：讲授法、案例教学法、实物示教法
（2）重点与难点：液压回路</td><td>2</td></tr>
</table>

续表

2.1.3　三级 / 高级职业技能培训要求				2.2.3　三级 / 高级职业技能培训课程规范			
职业功能模块（模块）	培训内容（课程）	技能目标	培训细目	学习单元	课程内容	培训建议	课堂学时
3. 数控机床电气维修	3-1　电气维修准备	3-1-4　能读懂与电气相关的机械图	识读数控刀架、刀库、机械手等机械图	（4）与电气相关的机械图识读	1）数控刀架机械图识读 2）更换主轴头的换刀系统机械图识读 3）带刀库的自动换刀系统机械图识读	（1）方法：讲授法、案例教学法、实物示教法 （2）重点与难点：带刀库的自动换刀系统机械图识读	4
	3-2　电气维修	3-2-1　能通过仪器、仪表检查故障点	使用万用表结合电气原理图检查故障点	（1）电气故障检查中仪器、仪表的应用	1）万用表的应用 2）钳形表的应用	（1）方法：讲授法、实训（练习）法、实物示教法 （2）重点与难点：使用仪器、仪表结合电气原理图检查故障点	4
		3-2-2　能通过数控系统诊断功能、可编程逻辑控制器梯形图（语句表）等诊断数控机床常见电气、机械、液压和气动控制故障	（1）使用数控系统诊断功能结合维修说明书和诊断手册诊断故障 （2）通过可编程逻辑控制器梯形图在线诊断功能诊断故障	（2）电气故障检查中数控系统诊断功能和可编程逻辑控制器梯形图的应用	1）数控系统诊断功能 ①机械故障 ②电气故障 ③液压和气动控制故障 2）可编程逻辑控制器梯形图在线诊断功能 ①机械故障 ②电气故障 ③液压和气动控制故障	（1）方法：讲授法、实训（练习）法、案例教学法、项目教学法 （2）重点与难点：可编程逻辑控制器梯形图在线诊断	16
		3-2-3　能完成两种型号以上数控机床常见强、弱电气故障的维修	维修数控机床常见强、弱电气故障	（3）数控机床常见强、弱电气故障的维修	1）数控车床的维修 2）加工中心的维修 3）数控镗铣床的维修	（1）方法：讲授法、讨论法、实训（练习）法 （2）重点与难点：数控机床常见强、弱电气故障的维修	16

续表

2.1.3 三级 / 高级职业技能培训要求				2.2.3 三级 / 高级职业技能培训课程规范			
职业功能模块（模块）	培训内容（课程）	技能目标	培训细目	学习单元	课程内容	培训建议	课堂学时
3. 数控机床电气维修	3–3 电气维修检查	能检查数控机床故障修复情况，填写机床维修验收单	（1）检查数控机床故障修复情况 （2）填写机床维修验收单	数控机床故障修复情况的检查及机床维修验收单的填写	1）数控机床故障修复情况的检查 2）机床维修验收单的填写	（1）方法：讲授法、实训（练习）法 （2）重点与难点：数控机床故障修复情况的检查	1
课堂学时合计							149

附录 4　二级 / 技师职业技能培训要求与课程规范对照表

（1）机械方向

2.1.4 二级 / 技师职业技能培训要求				2.2.4 二级 / 技师职业技能培训课程规范			
职业功能模块（模块）	培训内容（课程）	技能目标	培训细目	学习单元	课程内容	培训建议	课堂学时
1. 数控机床机械装配与调整	1–1 机械装配与调整前准备	1–1–1 能提出装配需要的专用夹具、胎具的设计方案，并能绘制草图	（1）设计与制造一般装配夹具、胎具 （2）绘制机械草图	（1）一般装配夹具、胎具的设计与制造	1）一般装配夹具、胎具的设计 2）一般装配夹具、胎具的制造	（1）方法：讲授法 （2）重点与难点：一般装配夹具、胎具的设计与制造	2
				（2）机械图样的绘制	机械草图的绘制	（1）方法：讲授法、实训（练习）法 （2）重点与难点：机械草图的绘制	2
		1–1–2 能读懂数控机床电气原理图、液压（气动）系统原理图和电气接线图	（1）识读复杂数控机床电气原理图 （2）识读复杂数控机床电气接线图 （3）识读复杂数控机床液压（气动）系统原理图	（3）电气识图	1）复杂数控机床电气原理图的识读 2）复杂数控机床电气接线图的识读	（1）方法：讲授法、案例教学法 （2）重点与难点：电气识图	2
				（4）液压（气动）识图	复杂数控机床液压（气动）系统原理图的识读	（1）方法：讲授法、案例教学法 （2）重点与难点：液压（气动）系统识图	1

续表

2.1.4 二级 / 技师职业技能培训要求				2.2.4 二级 / 技师职业技能培训课程规范			
职业功能模块（模块）	培训内容（课程）	技能目标	培训细目	学习单元	课程内容	培训建议	课堂学时
1. 数控机床机械装配与调整	1-1 机械装配与调整前准备	1-1-3 能借助词典或翻译软件看懂进口数控机床产品简要说明书	识读进口数控机床产品简要机械说明书	（5）进口数控机床产品简要机械说明书的识读	识读方法	（1）方法：讲授法 （2）重点与难点：识读方法	1
		1-1-4 能编制数控机床机械装配与调整工艺规程	（1）编制数控机床机械装配工艺规程 （2）编制数控机床机械调整工艺规程	（6）数控机床机械装配与调整工艺规程的编制	1）数控机床机械装配工艺规程的编制 2）数控机床机械调整工艺规程的编制	（1）方法：讲授法 （2）重点与难点：数控机床机械装配与调整工艺规程的编制	1
	1-2 机械装配与调整	1-2-1 能完成数控机床的机械总装、试车和机械部分的调整	（1）复杂数控机床的机械总装 （2）复杂数控机床的机械调整	（1）数控机床的机械总装与调整	1）数控机床的机械总装 2）数控机床的机械调整 3）新产品的机械装配与调试	（1）方法：讲授法、演示法、实训（练习）法 （2）重点与难点：数控机床的机械总装与调整	8
		1-2-2 能完成多种型号数控系统加工编程	（1）FANUC 31i-D 数控系统加工编程 （2）SINUMERIK 840Dsl 数控系统加工编程 （3）华中 HNC-808e 数控系统加工编程	（2）数控系统加工编程	1）FANUC 31i-D 数控系统加工编程 2）SINUMERIK 840Dsl 数控系统加工编程 3）华中 HNC-808e 数控系统加工编程	（1）方法：讲授法 （2）重点与难点：数控系统加工编程	4
		1-2-3 能完成试制新产品的机械装配与调试	试制新产品的机械装配与调试	（3）试制新产品的机械装配与调试	试制新产品的机械装配与调试	（1）方法：讲授法 （2）重点与难点：试制新产品的机械装配与调试	2

续表

2.1.4 二级 / 技师职业技能培训要求				2.2.4 二级 / 技师职业技能培训课程规范			
职业功能模块（模块）	培训内容（课程）	技能目标	培训细目	学习单元	课程内容	培训建议	课堂学时
1. 数控机床机械装配与调整	1-2 机械装配与调整	1-2-4 能读懂数控机床可编程逻辑控制器程序（如梯形图、语句表），能诊断故障产生的原因并排除故障	（1）识读发那科 PMC（可编程机床控制器）梯形图 （2）识读西门子 PLC 梯形图及语句表 （3）可编程逻辑控制器程序诊断与排除故障	（4）数控机床可编程逻辑控制器	1）发那科 PMC 梯形图基础 2）西门子 PLC 梯形图及语句表基础 3）可编程逻辑控制器程序诊断方法及实例	（1）方法：讲授法、案例教学法、实训（练习）法 （2）重点与难点：可编程逻辑控制器编程	24
		1-2-5 能判断机械装配关系的合理性，并能对装配关系中不合理的结构提出修改方案并实施	改进机械装配关系	（5）机械装配及改进	1）机械装配工艺过程原则 2）机械装配改进方法及实例	（1）方法：讲授法、案例教学法、实训（练习）法 （2）重点：机械装配工艺过程原则 （3）难点：机械装配改进方法	4
		1-2-6 能编制数控机床日常维护保养制度	编制数控机床日常维护保养制度	（6）数控机床日常维护保养	数控机床日常维护保养制度编制要求与规范	（1）方法：讲授法 （2）重点与难点：数控机床日常维护保养制度编制要求与规范	1
	1-3 机械装配与调整检查	1-3-1 能按国家数控机床检测标准，利用激光干涉仪、球杆仪、检具等对数控机床进行精度检测，并出具相关检测报告	（1）使用激光干涉仪检测数控机床精度，并出具相关检测报告 （2）使用球杆仪检测数控机床精度，并出具相关检测报告 （3）使用特殊检具检测数控机床精度，并出具相关检测报告	（1）数控机床精度检测	1）数控机床检测相关的国家标准 2）球杆仪的使用方法 3）激光干涉仪的使用方法 4）其他特殊检具的使用方法	（1）方法：讲授法、案例教学法、实训（练习）法 （2）重点：数控机床检测国标 （3）难点：激光干涉仪、球杆仪和其他检具的使用方法	12

续表

2.1.4 二级 / 技师职业技能培训要求				2.2.4 二级 / 技师职业技能培训课程规范			
职业功能模块（模块）	培训内容（课程）	技能目标	培训细目	学习单元	课程内容	培训建议	课堂学时
1. 数控机床机械装配与调整	1-3 机械装配与调整检查	1-3-2 能对三坐标测量报告和激光干涉仪、球杆仪的检测报告进行误差分析，并对数控机床的几何精度、工作精度和定位精度进行调整	（1）三坐标测量报告误差分析 （2）激光干涉仪检测报告误差分析 （3）球杆仪检测报告误差分析 （4）调整数控机床几何精度 （5）调整数控机床定位精度 （6）改善数控机床工作精度	（2）数控机床精度误差分析与调整	1）三坐标测量报告误差分析 2）激光干涉仪检测报告误差分析 3）球杆仪检测报告误差分析 4）几何精度的调整 5）定位精度的调整 6）工作精度的改善	（1）方法：讲授法、案例教学法、实训（练习）法 （2）重点：误差分析 （3）难点：精度调整	16
2. 数控机床机械维修	2-1 机械维修准备	能根据数控机床机械维修要求准备工具、量具、工装、检具等	准备数控机床机械维修专用工具、量具、工装和检具	数控机床机械维修专用工具、量具、工装和检具的选择与使用方法	1）数控机床机械维修专用工具、量具、工装和检具的选择方法 2）数控机床机械维修专用工具、量具、工装和检具的使用方法	（1）方法：讲授法 （2）重点与难点：数控机床机械维修专用工具、量具、工装和检具的选择与使用方法	1
	2-2 机械维修	2-2-1 能排除数控机床的液压和气动故障	（1）排除复杂数控机床液压系统故障 （2）排除复杂数控机床气动系统故障	（1）复杂数控机床液压和气动故障的排除	1）复杂数控机床的液压故障及其排除方法 2）复杂数控机床的气动故障及其排除方法	（1）方法：讲授法、案例教学法 （2）重点与难点：复杂数控机床的液压故障及其排除方法	2
		2-2-2 能进行数控机床（如数控车床、数控铣床、立式加工中心等）的大修	（1）编制数控机床大修技术方案 （2）实施数控机床大修技术方案	（2）数控机床的大修	1）数控机床大修技术方案的编制 2）数控机床大修工作的实施	（1）方法：讲授法、案例教学法 （2）重点与难点：数控机床的大修	4

续表

2.1.4 二级 / 技师职业技能培训要求				2.2.4 二级 / 技师职业技能培训课程规范			
职业功能模块（模块）	培训内容（课程）	技能目标	培训细目	学习单元	课程内容	培训建议	课堂学时
2. 数控机床机械维修	2-2 机械维修	2-2-3 能进行高速、精密、大型数控机床的维护保养	（1）编制高速、精密、大型数控机床维护保养标准 （2）实施高速、精密、大型数控机床维护保养工作	（3）高速、精密、大型数控机床的维护保养	1）高速、精密、大型数控机床维护保养标准的编制 2）高速、精密、大型数控机床维护保养工作的实施	（1）方法：讲授法、案例教学法 （2）重点与难点：高速、精密、大型数控机床维护保养	2
		2-2-4 能进行高速、精密、大型数控机床易损件的更换与维修	更换与维修高速、精密、大型数控机床易损件	（4）高速、精密、大型数控机床易损件的更换与维修	1）高速、精密、大型数控机床易损件类目 2）高速、精密、大型数控机床易损件的更换与维修	（1）方法：讲授法、案例教学法 （2）重点与难点：高速、精密、大型数控机床易损件的更换与维修	2
		2-2-5 能排除数控机床常见电气线路故障	排除复杂数控机床电气线路常见故障	（5）复杂数控机床常见电气线路故障的排除	复杂数控机床电气线路常见故障及其排除方法	（1）方法：讲授法、案例教学法 （2）重点与难点：复杂数控机床电气线路常见故障及其排除方法	2
	2-3 机械维修检查	能根据国家数控机床检验标准对数控机床整机进行精度检测，并填写机床维修验收单	（1）检测复杂数控机床整机精度 （2）填写复杂数控机床维修验收单	数控机床维修验收	1）复杂数控机床精度检测 2）复杂数控机床维修验收单的填写方法	（1）方法：讲授法、案例教学法、实训（练习）法 （2）重点：维修验收单的填写 （3）难点：数控机床精度检测	1
3. 数控机床机械技术改造	3-1 机械技术改造准备	能进行数控机床机械技术改造前工具、量具和仪表的准备	准备数控机床机械改造常用的工具、量具、工装和检具	数控机床机械改造常用工具、量具和仪表的选择与使用方法	1）数控机床机械改造常用工具、量具和仪表的选择方法 2）数控机床机械改造常用工具、量具和仪表的使用方法	（1）方法：讲授法、案例教学法 （2）重点与难点：数控机床机械改造常用工具、量具和仪表的选择与使用方法	1

续表

2.1.4 二级 / 技师职业技能培训要求				2.2.4 二级 / 技师职业技能培训课程规范			
职业功能模块（模块）	培训内容（课程）	技能目标	培训细目	学习单元	课程内容	培训建议	课堂学时
3. 数控机床机械技术改造	3-2 机械技术改造	3-2-1 能对数控机床机械结构工艺性的不合理之处提出改进意见	数控机床机械结构工艺改进	（1）数控机床机械结构工艺改进	1）数控机床主要机械结构及工作原理 2）数控机床机械结构改进方法及实例 3）加装在线测量装置 ①测头连接、调试和标定 ②使用测头测量	（1）方法：讲授法、案例教学法 （2）重点与难点：加装在线测量装置	8
		3-2-2 能对损坏的零部件进行测绘	机械零部件测绘	（2）机械零部件测绘	机械零部件的测绘方法	（1）方法：讲授法、实训（练习）法 （2）重点与难点：机械零部件的测绘方法	8
		3-2-3 能进行电主轴的安装与调试	（1）电主轴的机械安装 （2）电主轴的机械调试与检测	（3）电主轴的安装与调试	1）电主轴的机械安装 2）电主轴的机械调试与检测	（1）方法：讲授法、案例教学法 （2）重点与难点：电主轴的安装与调试	8
		3-2-4 能用力矩电动机改造蜗轮、蜗杆传动机构	改造蜗轮、蜗杆传动机构	（4）使用力矩电动机改造蜗轮、蜗杆传动机构	1）力矩电动机基础知识 2）力矩电动机在蜗轮、蜗杆传动机构改造中的应用	（1）方法：讲授法 （2）重点与难点：力矩电动机在蜗轮、蜗杆传动机构改造中的应用	4
	3-3 机械技术改造验收	能按照技术改造的技术文件设定标准进行精度检验和功能验收，并出具相关验收报告	（1）编制数控机床机械改造技术要求 （2）编制数控机床机械技术改造验收报告	数控机床机械技术改造验收	1）数控机床机械改造技术要求的编制 2）数控机床机械技术改造验收报告的编制	（1）方法：讲授法、案例教学法、实训（练习）法 （2）重点与难点：机械技术改造验收	2

续表

2.1.4 二级/技师职业技能培训要求				2.2.4 二级/技师职业技能培训课程规范			
职业功能模块（模块）	培训内容（课程）	技能目标	培训细目	学习单元	课程内容	培训建议	课堂学时
4. 培训与指导	4-1 指导操作	能指导本职业三级/高级及以下级别人员的实际操作	(1) 指导数控机床装调的操作 (2) 指导数控机床常见故障维修的操作	指导本职业三级/高级及以下级别人员的实际操作	1）数控机床装调的操作指导 2）数控机床常见故障维修的操作指导	(1) 方法：讲授法 (2) 重点：数控机床装调的操作指导 (3) 难点：数控机床常见故障维修的操作指导	2
	4-2 理论培训	4-2-1 能编写培训大纲	编写培训大纲	(1) 培训大纲的编写	培训大纲的编写	(1) 方法：讲授法 (2) 重点与难点：培训大纲的编写	1
		4-2-2 能讲授本专业技术理论知识	讲授专业技术理论知识	(2) 专业技术理论知识的讲授	专业技术理论知识的讲授	(1) 方法：讲授法 (2) 重点与难点：专业技术理论知识的讲授	1
5. 质量与生产管理	5-1 质量管理	5-1-1 能在本职工作中贯彻各项质量标准	数控机床装调维修质量标准宣贯	(1) 数控机床装调维修质量标准	数控机床装调维修质量标准解读与宣贯	(1) 方法：讲授法 (2) 重点与难点：数控机床装调维修质量标准宣贯	1
		5-1-2 能应用质量管理知识实施操作过程的质量分析与控制	分析与控制数控机床装调维修操作质量问题	(2) 数控机床装调维修操作质量分析与控制	数控机床装调维修操作质量分析与控制	(1) 方法：讲授法 (2) 重点与难点：数控机床装调维修操作质量分析与控制	1
	5-2 生产管理	5-2-1 能组织有关人员协同工作	人员协同工作管理	生产管理	人员协同工作管理方法	(1) 方法：讲授法 (2) 重点与难点：人员协同工作管理	1
课堂学时合计							132

（2）电气方向

2.1.4　二级 / 技师职业技能培训要求				2.2.4　二级 / 技师职业技能培训课程规范			
职业功能模块（模块）	培训内容（课程）	技能目标	培训细目	学习单元	课程内容	培训建议	课堂学时
1. 数控机床电气装配与调整	1–1　电气装配与调整前准备	1–1–1　能读懂数控机床机械总装图、部件装配图、液压（气动）系统原理图	（1）识读复杂数控机床机械总装图 （2）识读复杂数控机床部件装配图 （3）识读复杂数控机床液压（气动）系统原理图	（1）复杂数控机床机械总装图、部件装配图、液压（气动）系统原理图的识读	1）复杂数控机床机械总装图的识读方法及实例 2）复杂数控机床部件装配图的识读方法及实例 3）复杂数控机床液压（气动）系统原理图识读方法及实例	（1）方法：讲授法、案例教学法 （2）重点与难点：复杂数控机床部件装配图的识读方法及实例	2
		1–1–2　能绘制简单的机械零件图	绘制简单的机械零件图	（2）简单机械零件图的绘制	简单机械零件图的绘制方法及实例	（1）方法：讲授法、案例教学法 （2）重点与难点：机械零件图的绘制方法	2
		1–1–3　能借助词典或翻译软件看懂进口数控机床产品简要说明书	识读进口数控机床产品简要电气说明书	（3）进口数控机床产品简要电气说明书的识读	进口数控机床产品简要电气说明书的识读方法	（1）方法：讲授法、案例教学法 （2）重点与难点：进口数控机床产品简要电气说明书的识读方法	1
		1–1–4　能根据产品技术要求编制电气装配工艺规程	编制电气装配工艺规程	（4）电气装配工艺规程的编制	电气装配工艺规程的编制	（1）方法：讲授法、案例教学法 （2）重点与难点：电气装配工艺规程的编制	1
	1–2　电气装配与调整	1–2–1　能通过阅读使用说明书对数控系统进行加工编程	（1）操作进口数控系统 （2）进口数控系统加工编程	（1）数控系统加工编程	1）进口数控系统操作方法 2）进口数控系统加工编程 3）Mastercam 9.1 软件的使用方法及仿真加工	（1）方法：讲授法、案例教学法 （2）重点：进口数控系统加工编程 （3）难点：Mastercam 9.1 软件的使用方法及仿真加工	24
		1–2–2　能使用计算机辅助设计与制造软件	使用 Mastercam 9.1 软件				

续表

<table>
<tr><th colspan="4">2.1.4　二级 / 技师职业技能培训要求</th><th colspan="4">2.2.4　二级 / 技师职业技能培训课程规范</th></tr>
<tr><th>职业功能模块（模块）</th><th>培训内容（课程）</th><th>技能目标</th><th>培训细目</th><th>学习单元</th><th>课程内容</th><th>培训建议</th><th>课堂学时</th></tr>
<tr><td rowspan="11">1. 数控机床电气装配与调整</td><td rowspan="10">1-2　电气装配与调整</td><td rowspan="2">1-2-3　能对数控系统直线轴或旋转轴进行补偿</td><td rowspan="2">（1）数控系统直线轴的误差补偿
（2）数控系统旋转轴的误差补偿</td><td rowspan="2">（2）数控系统进给误差补偿</td><td>1）数控系统直线轴的误差补偿</td><td rowspan="2">（1）方法：讲授法、案例分析法、实训（练习）法
（2）重点与难点：进给误差补偿</td><td rowspan="2">16</td></tr>
<tr><td>2）数控系统旋转轴的误差补偿</td></tr>
<tr><td rowspan="2">1-2-4　能利用伺服优化软件对各进给轴进行参数优化和调整</td><td rowspan="2">（1）应用伺服优化软件
（2）进给轴参数优化与伺服调整</td><td rowspan="2">（3）进给轴伺服优化</td><td>1）伺服优化软件的使用方法</td><td rowspan="2">（1）方法：讲授法、案例分析法、实训（练习）法
（2）重点与难点：进给轴伺服优化</td><td rowspan="2">8</td></tr>
<tr><td>2）进给轴参数的优化与调整</td></tr>
<tr><td rowspan="2">1-2-5　能应用、推广装调新技术和新工艺</td><td rowspan="2">（1）多轴数控机床电气装配与调整技术
（2）机械臂协作装配技术</td><td rowspan="2">（4）数控机床电气新技术</td><td>1）多轴数控机床电气装配与调整技术</td><td rowspan="2">（1）方法：讲授法、案例分析法
（2）重点：多轴数控机床电气装配与调整技术
（3）难点：机械臂协作装配技术</td><td rowspan="2">8</td></tr>
<tr><td>2）机械臂协作装配技术</td></tr>
<tr><td>1-2-6　能完成新产品的装配与调试</td><td>新产品的电气装配与调试</td><td>（5）新产品的电气装配与调试</td><td>新产品的电气装配与调试方法及实例</td><td>（1）方法：讲授法、案例分析法
（2）重点与难点：新产品的电气装配与调试方法</td><td>4</td></tr>
<tr><td rowspan="2">1-2-7　能分析重大质量问题的产生原因，并提出解决措施</td><td rowspan="2">（1）编写数控机床常见重大质量问题分析报告
（2）编制数控机床重大质量问题解决方案</td><td rowspan="2">（6）质量问题的分析</td><td>1）数控机床常见重大质量问题</td><td rowspan="2">（1）方法：讲授法、案例分析法
（2）重点与难点：质量问题的分析</td><td rowspan="2">2</td></tr>
<tr><td>2）数控机床重大质量问题的解决方法</td></tr>
<tr><td>1-3　电气装配与调整检查</td><td>1-3-1　能按照数控机床操作说明书要求检验数控机床各项功能</td><td>检验数控机床系统功能</td><td>电气装配与调整检查</td><td>1）数控机床电气功能检验</td><td>（1）方法：讲授法、案例分析法、实训（练习）法
（2）重点与难点：电气装配与调整检查</td><td>2</td></tr>
</table>

续表

2.1.4　二级 / 技师职业技能培训要求				2.2.4　二级 / 技师职业技能培训课程规范			
职业功能模块（模块）	培训内容（课程）	技能目标	培训细目	学习单元	课程内容	培训建议	课堂学时
1. 数控机床电气装配与调整	1-3　电气装配与调整检查	1-3-2　能按照相关技术文件要求编制数控机床试机程序并运行，检验机床相关技术指标、可靠性等	（1）编制数控机床试机程序 （2）运行试机程序，并检验机床相关技术指标及可靠性	电气装配与调整检查	2）数控机床试机程序编制与运行	（1）方法：讲授法、案例分析法、实训法 （2）重点与难点：电气装配与调整检查	2
		1-3-3　能填写电气装配与调整记录单	填写复杂数控机床电气装配与调整记录单		3）电气装配与调整记录单的填写方法		
2. 数控机床电气维修	2-1　电气维修前准备	能进行数控机床电气维修前工具、仪器、仪表及相关技术文件的准备	（1）选择复杂数控机床电气维修常用的工具、仪器和仪表 （2）识读数控机床电气常用技术文件	电气维修前准备	1）复杂数控机床电气维修常用工具、仪器和仪表的选择与使用方法 2）数控机床电气常用技术文件的识读	（1）方法：讲授法 （2）重点与难点：电气维修工具、仪器和仪表的使用方法	1
	2-2　电气维修	2-2-1　能排除高速、精密、大型数控机床的各种电气、液压（气动）控制系统故障	（1）诊断与排除高速、精密、大型数控机床电气控制系统故障 （2）诊断与排除高速、精密、大型数控机床液压（气动）控制系统故障	（1）电气、液压（气动）控制系统故障的排除	1）高速、精密、大型数控机床电气控制系统故障的排除方法及实例 2）高速、精密、大型数控机床液压（气动）控制系统故障的排除方法及实例	（1）方法：讲授法、案例分析法、实训（练习）法 （2）重点与难点：高速、精密、大型数控机床电气控制系统故障的排除方法	16
		2-2-2　能排除数控机床常见机械故障	排除数控机床常见机械故障	（2）数控机床常见机械故障的排除	数控机床常见机械故障排除方法及实例	（1）方法：讲授法 （2）重点与难点：数控机床常见机械故障排除方法	8

续表

2.1.4　二级 / 技师职业技能培训要求				2.2.4　二级 / 技师职业技能培训课程规范			
职业功能模块（模块）	培训内容（课程）	技能目标	培训细目	学习单元	课程内容	培训建议	课堂学时
2. 数控机床电气维修	2–3　电气维修检查	能检查数控机床故障修复情况，并填写机床维修验收单	（1）检查数控机床电气故障的修复情况 （2）填写机床维修验收单	电气维修检查	1）数控机床电气故障修复情况的检查方法 2）机床维修验收单的填写方法	（1）方法：讲授法 （2）重点与难点：数控机床电气故障修复情况的检查方法	2
3. 数控机床电气技术改造	3–1　电气技术改造前准备	能进行数控机床电气技术改造前工具、量具和仪表的准备	准备数控机床电气改造常用的工具、量具和仪表	电气技术改造常用工具、仪器和仪表的选择与使用方法	1）电气技术改造常用工具、仪器和仪表的选择方法 2）电气技术改造常用工具、仪器和仪表的使用方法	（1）方法：讲授法 （2）重点与难点：电气技术改造常用工具、仪器和仪表的选择与使用方法	1
	3–2　电气技术改造	3–2–1　能对数控机床电气方面的不合理之处提出修改方案并实施	（1）编制数控机床电气控制改造方案 （2）实施数控机床电气系统方案	（1）数控机床电气系统改进方法	1）数控机床电气系统改进方法及实例 2）加装在线测量装置 ①测头连接、调试及标定 ②使用测头测量	（1）方法：讲授法、案例分析法、讨论法 （2）重点与难点：加装在线测量装置	8
		3–2–2　能进行数控系统联网及数据采集系统的改造	数控系统联网及数据采集系统改造	（2）数控系统联网及数据采集系统的改造	1）数控系统网络通信方式 ① FANUC 0i–D ② SINUMERIK 828D 2）数控系统 DNC 改造	（1）方法：讲授法、演示法、实训（练习）法 （2）重点：数控系统网络通信方式 （3）难点：数控系统 DNC 改造	4
		3–2–3　能对力矩电动机的电气控制线路进行连接与调试	（1）连接力矩电动机的电气控制线路 （2）调试力矩电动机的电气控制线路	（3）力矩电动机的使用	1）力矩电动机的结构及工作原理 2）力矩电动机电气控制 ①线路连接 ②线路调试 3）力矩电动机改造应用方法及实例	（1）方法：讲授法、案例分析法、实训（练习）法 （2）重点与难点：力矩电动机电气控制	8

续表

2.1.4 二级 / 技师职业技能培训要求				2.2.4 二级 / 技师职业技能培训课程规范			
职业功能模块（模块）	培训内容（课程）	技能目标	培训细目	学习单元	课程内容	培训建议	课堂学时
3. 数控机床电气技术改造	3-2 电气技术改造	3-2-4 能进行电主轴的连接与调试	电主轴的电气连接与调试	(4) 电主轴的连接与调试	1) 电主轴介绍 2) 电主轴的电气连接与调试	(1) 方法：讲授法、实训（练习）法 (2) 重点与难点：电主轴的电气连接与调试	8
		3-2-5 能进行简单的电气控制线路设计	设计简单的电气控制线路	(5) 电气控制线路的设计	1) 电气控制设计软件介绍 2) 简单电气控制线路的设计	(1) 方法：讲授法、案例分析法、实训（练习）法 (2) 重点与难点：简单电气控制线路的设计	16
	3-3 电气技术改造验收	能按照技术文件进行功能验收，并出具验收报告	(1) 解读数控机床电气改造技术要求 (2) 数控机床电气技术改造验收	电气技术改造验收	1) 数控机床电气改造技术要求 2) 数控机床电气技术改造验收	(1) 方法：讲授法、案例分析法 (2) 重点与难点：数控机床电气技术改造验收	2
4. 培训与指导	4-1 指导操作	能指导本职业三级 / 高级及以下级别人员的实际操作	(1) 数控机床装调的操作指导 (2) 数控机床常见故障维修的操作指导	指导本职业三级 / 高级及以下级别人员的实际操作	1) 数控机床装调的操作指导 2) 数控机床常见故障维修的操作指导	(1) 方法：讲授法 (2) 重点：数控机床装调的操作指导 (3) 难点：数控机床常见故障维修的操作指导	2
	4-2 理论培训	4-2-1 能编写培训大纲	编写培训大纲	(1) 培训大纲的编写	培训大纲的编写	(1) 方法：讲授法 (2) 重点与难点：培训大纲的编写	1
		4-2-2 能讲授本专业技术理论知识	讲授专业技术理论知识	(2) 专业技术理论知识的讲授	专业技术理论知识的讲授	(1) 方法：讲授法 (2) 重点与难点：专业技术理论知识的讲授	1
5. 质量与生产管理	5-1 质量管理	5-1-1 能在本职工作中贯彻各项质量标准	数控机床装调维修质量标准宣贯	(1) 数控机床装调维修质量标准	数控机床装调维修质量标准解读与宣贯	(1) 方法：讲授法 (2) 重点与难点：数控机床装调维修质量标准宣贯	1

续表

2.1.4　二级 / 技师职业技能培训要求				2.2.4　二级 / 技师职业技能培训课程规范			
职业功能模块（模块）	培训内容（课程）	技能目标	培训细目	学习单元	课程内容	培训建议	课堂学时
5. 质量与生产管理	5-1　质量管理	5-1-2　能应用质量管理知识实施操作过程的质量分析与控制	分析与控制数控机床装调维修操作质量问题	（2）数控机床装调维修操作质量分析与控制	数控机床装调维修操作质量分析与控制	（1）方法：讲授法 （2）重点与难点：数控机床装调维修操作质量分析与控制	1
	5-2　生产管理	能组织有关人员协同工作	人员协同工作管理	生产管理	人员协同工作管理方法	（1）方法：讲授法 （2）重点与难点：人员协同工作管理	1
课堂学时合计							151

附录 5　一级 / 高级技师职业技能培训要求与课程规范对照表

（1）机械方向

2.1.5　一级 / 高级技师职业技能培训要求				2.2.5　一级 / 高级技师职业技能培训课程规范			
职业功能模块（模块）	培训内容（课程）	技能目标	培训细目	学习单元	课程内容	培训建议	课堂学时
1. 数控机床机械装配与调试	1-1　机械装配与调试准备	1-1-1　能读懂复杂数控机床的机械、电气、液压（气动）系统原理图、电气接线图	（1）识读第三角投影法 （2）识读外国螺纹标记	（1）复杂数控机床的机械、电气、液压（气动）系统原理图、电气接线图的识读	1）国外机械工程图的识读 2）第三角投影法 3）进口设备图样中的尺寸标注 4）各国螺纹的标记和识读方法	（1）方法：讲授法 （2）重点与难点：各国螺纹的标记	4
		1-1-2　能借助词典或翻译软件看懂进口数控机床使用说明书	识读进口数控机床使用说明书	（2）进口数控机床使用说明书的识读	1）进口高速切削数控机床使用说明书相关知识 2）进口超精密数控机床使用说明书相关知识 3）数控机床专用外文词汇的识读	（1）方法：讲授法 （2）重点与难点：进口高速切削、超精密数控机床使用说明书相关知识	2

续表

<table>
<tr><th colspan="4">2.1.5　一级 / 高级技师职业技能培训要求</th><th colspan="4">2.2.5　一级 / 高级技师职业技能培训课程规范</th></tr>
<tr><th>职业功能模块（模块）</th><th>培训内容（课程）</th><th>技能目标</th><th>培训细目</th><th>学习单元</th><th>课程内容</th><th>培训建议</th><th>课堂学时</th></tr>
<tr><td rowspan="11">1. 数控机床机械装配与调试</td><td rowspan="5">1-1　机械装配与调试准备</td><td rowspan="2">1-1-3　能准备高速、精密、大型数控机床装配与调试的工具、量具、夹具、胎具等</td><td rowspan="2">（1）准备高速、精密、大型数控机床装配与调试的专用工具、夹具和胎具
（2）准备高速、精密、大型数控机床装配与调试的量具</td><td rowspan="2">（3）高速、精密、大型数控机床装配与调试的专用工具、量具、夹具、胎具等的准备</td><td>1）专用工具、夹具、胎具等的使用与选择方法</td><td rowspan="2">（1）方法：讲授法、实训（练习）法
（2）重点与难点：专用工具、夹具、胎具等的使用与选择方法</td><td rowspan="2">1</td></tr>
<tr><td>2）专用量具、仪器、仪表等的使用与选择方法</td></tr>
<tr><td rowspan="3">1-1-4　能准备高速电主轴装配与调试的工装、动平衡仪等设备</td><td rowspan="3">（1）高速电主轴装配工艺
（2）使用动平衡仪
（3）使用振动分析仪</td><td rowspan="3">（4）高速电主轴装配与调试的工装、动平衡仪等设备的准备</td><td>1）高速电主轴装配方法</td><td rowspan="3">（1）方法：讲授法、实训（练习）法
（2）重点与难点：动平衡仪的使用方法及注意事项</td><td rowspan="3">8</td></tr>
<tr><td>2）动平衡仪的使用方法及注意事项</td></tr>
<tr><td>3）振动分析仪的使用方法及注意事项</td></tr>
<tr><td rowspan="6">1-2　机械装配与调试</td><td rowspan="2">1-2-1　能进行数控机床操作和编程</td><td rowspan="2">（1）操作进口、复杂的数控机床
（2）复杂零件加工编程</td><td rowspan="2">（1）数控机床操作与编程</td><td>1）进口、复杂数控机床的操作</td><td rowspan="2">（1）方法：讲授法、实训（练习）法
（2）重点与难点：复杂零件编程与加工</td><td rowspan="2">8</td></tr>
<tr><td>2）复杂零件编程与加工</td></tr>
<tr><td>1-2-2　能组织解决高速、精密、大型数控设备装配中出现的疑难问题</td><td>组织解决高速、精密、大型数控设备装配中出现的疑难问题</td><td>（2）组织解决高速、精密、大型数控设备装配中出现的疑难问题</td><td>高速、精密、大型数控设备装配中出现的疑难问题案例分析及解决方法</td><td>（1）方法：案例分析法
（2）重点与难点：装配中出现的疑难问题的解决方法</td><td>2</td></tr>
<tr><td rowspan="3">1-2-3　能组织解决新产品装配和调整中出现的重大疑难问题</td><td rowspan="3">（1）分析新产品加工精度异常情况
（2）分析新产品加工振动问题
（3）分析新产品加工变形问题</td><td rowspan="3">（3）组织解决新产品装配和调整中出现的重大疑难问题</td><td>1）新产品加工精度异常的分析方法</td><td rowspan="3">（1）方法：讲授法、实训（练习）法
（2）重点与难点：新产品加工精度异常的分析方法</td><td rowspan="3">4</td></tr>
<tr><td>2）新产品加工振动问题的分析方法</td></tr>
<tr><td>3）新产品加工变形问题的分析方法</td></tr>
</table>

续表

2.1.5 一级 / 高级技师职业技能培训要求				2.2.5 一级 / 高级技师职业技能培训课程规范			
职业功能模块（模块）	培训内容（课程）	技能目标	培训细目	学习单元	课程内容	培训建议	课堂学时
1. 数控机床机械装配与调试	1-2 机械装配与调试	1-2-4 能配对、成组装配高速、高精密陶瓷轴承，检测轴承游隙，能配置隔套	（1）组装高速、高精密陶瓷轴承 （2）检测精密轴承游隙 （3）配置精密轴承隔套	(4) 高速、高精密陶瓷轴承装配	1）高速、高精密陶瓷轴承组装 2）精密轴承游隙的测量 3）精密轴承隔套的配置	(1) 方法：讲授法、实训（练习）法 (2) 重点：轴承配对组装 (3) 难点：精密轴承隔套的配置	8
		1-2-5 能按照工艺规范要求冷装、热装高速、高精度电主轴轴承	（1）高速、高精度电主轴轴承冷装 （2）高速、高精度电主轴轴承热装	(5) 高速、高精度电主轴轴承的冷装、热装	1）高速、高精度电主轴轴承的冷装方法 2）高速、高精度电主轴轴承的热装方法	(1) 方法：讲授法、实训（练习）法 (2) 重点与难点：高速、高精度电主轴轴承的冷装、热装	8
		1-2-6 能使用动平衡仪装配、调试高速、高精度电主轴	（1）解读动平衡仪检测结果 （2）使用动平衡仪装配与调整高速、高精度电主轴	(6) 高速、高精度电主轴装配和调试中动平衡仪的应用	1）动平衡仪检测结果的解读 2）根据动平衡仪检测结果调整高速、高精度电主轴	(1) 方法：讲授法、实训（练习）法 (2) 重点与难点：根据动平衡仪检测结果调整高速、高精度电主轴	8
	1-3 机械装配与调试检查	1-3-1 能按照国家数控机床检验标准，利用激光干涉仪、球杆仪等现代数字化检测设备对数控机床进行精度检测，并出具相关检测报告	（1）使用激光干涉仪、球杆仪等现代数字化检测设备 （2）用现代数字化检测设备进行数控机床精度检测 （3）编写机床精度检测报告	(1) 激光干涉仪、球杆仪等现代数字化检测设备在数控机床机械装配与调试精度检测中的应用	1）数控机床检验标准的解读 2）激光干涉仪的使用及数据处理 3）球杆仪的使用及数据处理 4）其他现代数字化检测设备的使用	(1) 方法：讲授法、实训（练习）法 (2) 重点与难点：球杆仪的使用及数据处理	6
		1-3-2 能对三坐标测量报告、激光干涉仪检测报告进行误差分析并编制调整方案，进行数控机床的几何精度、工作精度和定位精度调整	（1）分析产生数控机床精度误差的原因，并编制调整方案 （2）调整数控机床的几何精度、工作精度和定位精度	(2) 数字化检测设备检测报告的误差分析及数控机床精度调整方案的编制与实施	1）数控机床精度误差的原因分析 2）数控机床综合精度调整方案的编制与实施	(1) 方法：讲授法、实训（练习）法 (2) 重点与难点：数控机床综合精度调整方案的编制与实施	4

续表

2.1.5 一级 / 高级技师职业技能培训要求				2.2.5 一级 / 高级技师职业技能培训课程规范			
职业功能模块（模块）	培训内容（课程）	技能目标	培训细目	学习单元	课程内容	培训建议	课堂学时
2. 数控机床机械维修	2-1 机械维修准备	能根据数控机床机械维修要求准备通用和精密电子工具、检具等	选用数控机床机械维修通用和精密电子工具、检具	精密电子工具、检具等的选用	1）测量技术 2）精密电子工具、检具的使用方法及注意事项	（1）方法：讲授法、实训（练习）法 （2）重点与难点：精密电子工具、检具的使用方法及注意事项	2
	2-2 机械维修	2-2-1 能诊断并排除复杂、大型数控机床机械、液压（气动）系统等的疑难故障	复杂、大型数控机床机械、液压（气动）系统等疑难故障的诊断与排除	（1）复杂、大型数控机床机械、液压（气动）系统疑难故障的诊断与排除	1）差动连接及调速回路疑难故障诊断与排除 2）液压伺服疑难故障诊断与排除 3）回转工作台疑难故障诊断与排除 4）机床平衡重系统疑难故障诊断与排除	（1）方法：讲授法、实训（练习）法 （2）重点与难点：复杂液压系统工作原理及疑难故障分析	12
		2-2-2 能确定常见电气故障范围，并加以排除	排除机械维修中常见的电气故障	（2）机械维修中常见电气故障的排除	机械维修中常见电气故障的排除	（1）方法：讲授法 （2）重点与难点：机械维修中常见电气故障的排除	2
	2-3 机械维修检查	能按照国家数控机床精度检验标准对数控机床整机进行精度检验，并填写数控机床维修验收单	（1）检测复杂、大型数控机床精度 （2）填写复杂、大型数控机床维修验收单 （3）编写数控机床精度提升方案	整机机械精度检测	1）复杂、大型数控机床精度检测及验收单填写 2）数控机床精度提升方案的编制	（1）方法：讲授法 （2）重点与难点：数控机床精度提升方案的编制	2
3. 新技术应用	新技术应用	3-1-1 能应用并推广新工艺、新技术、新材料和新设备	应用与推广新工艺、新技术、新材料和新设备	（1）新工艺、新技术、新材料和新设备的应用与推广	1）柔性制造单元维修方法 2）高分子纳米填补修复技术 3）五轴机床刀尖跟随（RTCP）功能调试技术	（1）方法：讲授法、参观法 （2）重点：柔性制造单元维修方法 （3）难点：五轴机床刀尖跟随（RTCP）功能调试技术	4

续表

2.1.5 一级 / 高级技师职业技能培训要求				2.2.5 一级 / 高级技师职业技能培训课程规范			
职业功能模块（模块）	培训内容（课程）	技能目标	培训细目	学习单元	课程内容	培训建议	课堂学时
3. 新技术应用	新技术应用	3-1-2 能对数控机床进行项目改造	（1）设计复杂机械结构 （2）编写复杂机械结构改造技术文件	（2）新技术在数控机床改造中的应用	1）复杂机械结构工作原理及设计 2）复杂机械结构改造技术文件的编写	（1）方法：讲授法 （2）重点与难点：复杂机械结构工作原理及设计	4
		3-1-3 能应用一种计算机辅助设计与制造软件编制加工程序	使用 UGNX12.0 软件进行仿真加工	（3）应用一种计算机辅助设计与制造软件编制加工程序	1）UGNX12.0 软件的使用方法 2）使用 UGNX12.0 软件进行仿真加工	（1）方法：讲授法、实训（练习）法 （2）重点与难点：使用 UGNX12.0 软件进行仿真加工	24
		3-1-4 能根据零件特点设计机械手夹具	设计专用柔性、复杂夹具	（4）根据零件特点设计机械手夹具	柔性、复杂夹具的设计	（1）方法：讲授法、实训（练习）法 （2）重点与难点：柔性、复杂夹具的设计	4
4. 培训与指导	4-1 指导操作	能指导二级 / 技师及以下级别人员的实际操作	（1）数控机床装调的操作指导 （2）数控机床故障维修与改造的操作指导	指导二级 / 技师及以下级别人员的实际操作	1）数控机床装调的操作指导 2）数控机床故障维修与改造的操作指导	（1）方法：讲授法 （2）重点：数控机床装调的操作指导 （3）难点：数控机床故障维修与改造的操作指导	2
	4-2 理论培训	4-2-1 能对二级 / 技师及以下级别人员进行专业理论培训	讲授专业技术理论知识	（1）对二级 / 技师及以下级别人员进行专业理论培训	专业技术理论知识的讲授	（1）方法：讲授法 （2）重点与难点：专业技术理论知识的讲授	1
		4-2-2 能编写培训讲义	编写培训讲义	（2）培训讲义的编写	培训讲义的编写方法	（1）方法：讲授法 （2）重点与难点：培训讲义的编写	1
5. 质量与生产管理	5-1 质量管理	5-1-1 能组织进行质量攻关	质量攻关的组织	（1）组织质量攻关	质量攻关的组织方法与措施	（1）方法：讲授法 （2）重点与难点：质量攻关的组织方法与措施	2

续表

<table>
<tr><td colspan="4">2.1.5　一级 / 高级技师职业技能培训要求</td><td colspan="4">2.2.5　一级 / 高级技师职业技能培训课程规范</td></tr>
<tr><td>职业功能模块（模块）</td><td>培训内容（课程）</td><td>技能目标</td><td>培训细目</td><td>学习单元</td><td>课程内容</td><td>培训建议</td><td>课堂学时</td></tr>
<tr><td rowspan="5">5. 质量与生产管理</td><td rowspan="2">5-1　质量管理</td><td rowspan="2">5-1-2　能提出产品质量评审方案</td><td rowspan="2">编写产品质量评审方案</td><td rowspan="2">（2）产品质量评审方案的提出</td><td>1）产品质量评审知识</td><td rowspan="2">（1）方法：讲授法
（2）重点：产品质量评审知识
（3）难点：产品质量评审方案的编写方法</td><td rowspan="2">2</td></tr>
<tr><td>2）产品质量评审方案的编写方法</td></tr>
<tr><td rowspan="3">5-2　生产管理</td><td rowspan="3">能根据生产计划提出调度及人员管理方案</td><td rowspan="3">（1）编制设备部分大修改造计划
（2）编制维修调度方案
（3）编制维修人员管理方案</td><td rowspan="3">调度及人员管理方案的提出</td><td>1）设备部分大修改造计划的编制</td><td rowspan="3">（1）方法：讲授法
（2）重点：维修调度方案的编制
（3）难点：维修人员管理方案的编制</td><td rowspan="3">4</td></tr>
<tr><td>2）维修调度方案的编制</td></tr>
<tr><td>3）维修人员管理方案的编制</td></tr>
<tr><td colspan="7">课堂学时合计</td><td>129</td></tr>
</table>

（2）电气方向

<table>
<tr><td colspan="4">2.1.5　一级 / 高级技师职业技能培训要求</td><td colspan="4">2.2.5　一级 / 高级技师职业技能培训课程规范</td></tr>
<tr><td>职业功能模块（模块）</td><td>培训内容（课程）</td><td>技能目标</td><td>培训细目</td><td>学习单元</td><td>课程内容</td><td>培训建议</td><td>课堂学时</td></tr>
<tr><td rowspan="5">1. 数控机床电气装配与调试</td><td rowspan="5">1-1　电气装配与调试准备</td><td rowspan="3">1-1-1　能读懂复杂数控机床的机械、电气、液压（气动）系统原理图、电气接线图</td><td rowspan="3">（1）识读复杂数控机床机械总装图
（2）识读复杂数控机床部件装配图
（3）识读复杂数控机床液压（气动）系统原理图</td><td rowspan="3">（1）复杂数控机床机械、电气、液压（气动）系统原理图、电气接线图的识读</td><td>（1）复杂数控机床机械总装图的识读</td><td rowspan="3">（1）方法：讲授法
（2）重点与难点：复杂数控机床液压（气动）系统原理图的识读</td><td rowspan="3">6</td></tr>
<tr><td>（2）复杂数控机床部件装配图的识读</td></tr>
<tr><td>（3）复杂数控机床液压（气动）系统原理图的识读</td></tr>
<tr><td rowspan="2">1-1-2　能借助词典或翻译软件看懂进口数控机床使用说明书</td><td rowspan="2">识读进口数控机床使用说明书</td><td rowspan="2">（2）进口数控机床使用说明书的识读</td><td>1）数控机床专用外文词汇识读</td><td rowspan="2">（1）方法：讲授法
（2）重点与难点：进口数控机床使用说明书的识读方法</td><td rowspan="2">2</td></tr>
<tr><td>2）进口数控机床使用说明书的识读方法</td></tr>
</table>

续表

2.1.5 一级/高级技师职业技能培训要求				2.2.5 一级/高级技师职业技能培训课程规范			
职业功能模块（模块）	培训内容（课程）	技能目标	培训细目	学习单元	课程内容	培训建议	课堂学时
1. 数控机床电气装配与调试	1-1 电气装配与调试准备	1-1-3 能准备高速、精密、大型数控机床电气装配与调试的工具、仪器、仪表等	准备特殊、专用的调试工具、仪器和仪表	（3）高速、精密、大型数控机床电气装配与调试的工具、仪器和仪表的准备	特殊、专用调试工具、仪器和仪表的使用与选择方法	（1）方法：讲授法 （2）重点与难点：特殊、专用调试工具、仪器和仪表的使用与选择方法	4
	1-2 电气装配与调试	1-2-1 能进行数控机床操作编程	（1）操作进口、复杂数控系统 （2）编制复杂零件的加工程序	（1）复杂数控机床的操作与编程	1）复杂数控机床的操作 2）复杂零件加工程序的编制	（1）方法：讲授法、实训（练习）法 （2）重点与难点：复杂零件加工程序的编制	4
		1-2-2 能组织解决在装配高速、精密、大型数控机床中出现的电气疑难问题	（1）使用调试、检测等方面的先进软件 （2）解决疑难电气故障	（2）组织解决在装配高速、精密、大型数控机床中出现的电气疑难问题	1）调试软件的使用方法 2）疑难电气故障实例分析	（1）方法：讲授法、实训（练习）法 （2）重点与难点：疑难电气故障实例分析	8
		1-2-3 能对电气故障进行检测，并能判断故障点到基础单元	（1）检测复杂电气故障 （2）判断机、电、液相关故障点到基础单元	（3）电气故障的检测及故障点的判断	1）复杂电气故障的检测方法 2）机、电、液相关故障点的判断	（1）方法：讲授法、案例分析法 （2）重点与难点：机、电、液相关故障点的判断	12
		1-2-4 能解决新产品试制、装配和调试中出现的各种疑难问题	解决新产品试制、装配和调试中出现的各种疑难问题	（4）新产品试制、装配和调试中问题的解决	1）新产品试制、装配和调试流程 2）新产品试制、装配和调试流程中问题的分类 3）典型案例分析	（1）方法：讲授法 （2）重点与难点：新产品试制、装配和调试中问题的解决	4
	1-3 电气装配与调试检查	1-3-1 能按照数控机床操作说明书要求检验数控机床各项功能	（1）操作五轴及五轴以上数控机床 （2）检验各系统功能	（1）数控机床各项功能的检验	1）操作五轴及以上的数控机床 2）数控机床各项功能的检验	（1）方法：讲授法、实训（练习）法 （2）重点与难点：系统功能的检验	4

续表

2.1.5　一级 / 高级技师职业技能培训要求				2.2.5　一级 / 高级技师职业技能培训课程规范			
职业功能模块（模块）	培训内容（课程）	技能目标	培训细目	学习单元	课程内容	培训建议	课堂学时
1. 数控机床电气装配与调试	1–3　电气装配与调试检查	1–3–2　能填写电气装配与调整记录单	填写电气装配与调整记录单	（2）电气装配与调整记录单的填写	电气装配与调整记录单的填写方法	（1）方法：讲授法 （2）重点与难点：电气装配与调整记录单的填写方法	1
2. 数控机床电气维修	2–1　电气维修准备	能进行数控机床电气维修工具、量具、仪表和技术资料的准备	（1）选择特殊电气维修工具、量具和仪表	数控机床电气维修工具、量具、仪表和技术资料的准备	1）特殊电气维修工具、量具和仪表的使用方法	（1）方法：讲授法 （2）重点与难点：特殊电气维修工具、量具和仪表的相关知识及用法	2
			（2）准备技术资料		2）测量技术与应用		
	2–2　电气维修	2–2–1　能诊断并排除进口、复杂、大型数控机床的疑难电气故障	（1）诊断与排除进口、复杂、大型数控机床疑难电气故障 （2）安全集成	（1）进口、复杂、大型数控机床疑难电气故障的排除与安全集成	1）进口、复杂、大型数控机床疑难电气故障的诊断与排除	（1）方法：讲授法 （2）重点：进口、复杂、大型数控机床疑难电气故障的诊断与排除 （3）难点：安全集成	12
					2）安全集成 ①急停继电器 ②安全门监控器 ③双手操作控制继电器		
		2–2–2　能解决数控机床维修中与电气故障相关的机械故障	处理与电气故障相关的机械故障	（2）数控机床维修中与电气故障相关的机械故障的排除	与电气故障相关的机械故障的处理方法	（1）方法：讲授法、案例法 （2）重点与难点：与电气故障相关的机械故障的处理方法	4
		2–2–3　能通过远程诊断解决疑难问题	应用远程诊断技术	（3）通过远程诊断解决疑难问题	远程诊断技术的应用	（1）方法：讲授法、案例法 （2）重点与难点：远程诊断技术的应用	6
	2–3　电气维修检查	能检查数控机床电气故障修复情况，填写机床维修验收单	（1）检查复杂电气故障修复情况 （2）填写数控机床复杂电气故障维修验收单	数控机床电气故障修复情况的检查	1）复杂电气故障修复情况的检查方法	（1）方法：讲授法、案例法 （2）重点与难点：复杂电气故障修复情况的检查	1
					2）数控机床复杂电气故障维修验收单的填写方法		

续表

2.1.5 一级 / 高级技师职业技能培训要求				2.2.5 一级 / 高级技师职业技能培训课程规范			
职业功能模块（模块）	培训内容（课程）	技能目标	培训细目	学习单元	课程内容	培训建议	课堂学时
3. 新技术应用	新技术应用	3-1-1 能应用并推广新工艺、新技术、新材料和新设备	应用与推广新工艺、新技术、新材料和新设备	（1）新工艺、新技术、新材料和新设备的应用与推广	1）柔性制造单元维修方法	（1）方法：讲授法、案例法、参观法 （2）重点：柔性制造单元维修方法 （3）难点：远程监测诊断技术与预防性维修	4
					2）高分子纳米填补修复技术		
					3）远程监测诊断技术与预防性维修		
		3-1-2 能进行数控机床数据采集与分析	采集与分析数控机床数据	（2）数控机床数据的采集与分析	1）数控机床数据的采集方法	（1）方法：讲授法 （2）重点与难点：数控机床数据的分析方法	4
					2）数控机床数据的分析方法		
		3-1-3 能对进口数控机床进行项目改造	（1）编制进口数控机床电气控制升级改造方案 （2）实施进口数控机床电气控制升级改造	（3）新技术在数控机床改造中的应用	1）进口数控机床电气控制升级改造方案的编制	（1）方法：讲授法、案例法 （2）重点与难点：进口数控机床电气控制升级改造的实施	8
					2）进口数控机床电气控制升级改造的实施		
		3-1-4 能应用射频识别（RFID）技术进行零件制造过程管理	应用射频识别（RFID）技术	（4）射频识别（RFID）技术在零件制造过程管理中的应用	射频识别（RFID）技术及其应用	（1）方法：讲授法 （2）重点与难点：射频识别（RFID）技术在零件制造过程管理中的应用	4
4. 培训与指导	4-1 指导操作	能指导二级 / 技师及以下级别人员的实际操作	（1）数控机床装调的操作指导 （2）数控机床故障维修与改造的操作指导	指导二级 / 技师及以下级别人员的实际操作	1）数控机床装调的操作指导	（1）方法：讲授法 （2）重点：数控机床装调的操作指导 （3）难点：数控机床故障维修与改造的操作指导	2
					2）数控机床故障维修与改造的操作指导		
	4-2 理论培训	4-2-1 能对二级 / 技师及以下级别人员进行专业理论培训	讲授专业技术理论知识	（1）对二级 / 技师及以下级别人员进行专业理论培训	专业技术理论知识的讲授	（1）方法：讲授法 （2）重点与难点：专业技术理论知识的讲授	1

续表

2.1.5 一级 / 高级技师职业技能培训要求				2.2.5 一级 / 高级技师职业技能培训课程规范			
职业功能模块（模块）	培训内容（课程）	技能目标	培训细目	学习单元	课程内容	培训建议	课堂学时
4. 培训与指导	4–2 理论培训	4–2–2 能编写培训讲义	编写培训讲义	（2）培训讲义的编写	培训讲义的编写方法	（1）方法：讲授法 （2）重点与难点：培训讲义的编写	1
5. 质量与生产管理	5–1 质量管理	5–1–1 能组织进行质量攻关	质量攻关的组织	（1）组织质量攻关	质量攻关的组织方法与措施	（1）方法：讲授法 （2）重点与难点：工件制造质量提升	1
		5–1–2 能提出产品质量评审方案	编写产品质量评审方案	（2）产品质量评审方案的提出	1）产品质量评审知识	（1）方法：讲授法 （2）重点与难点：产品质量评审方案的编写	2
					2）产品质量评审方案的编写		
	5–2 生产管理	能根据生产计划提出调度及人员管理方案	（1）编制设备部分大修改造计划 （2）编制维修调度方案 （3）编制维修人员管理方案	调度及人员管理方案的提出	1）设备部分大修改造计划的编制	（1）方法：讲授法 （2）重点：维修调度方案的编制 （3）难点：维修人员管理方案的编制	4
					2）维修调度方案的编制		
					3）维修人员管理方案的编制		
课堂学时合计							102